Bienen halten in der Schule

Bienen halten in der Schule

Ein Leitfaden für den Aufbau und Betrieb einer Schulimkerei

Thomas Hilarius Meyer

Für Elisabeth und Rosa.

Weiteres Material, Ergänzungen, Korrekturen und Aktualisierungen finden sich auch auf der Internetseite: http://schulimkerei.blogspot.de

© 2014 Thomas Hilarius Meyer

Satz: thm mit LaTeX 2_ε und KOMA-Script

Verlag: tredition® Hamburg
Printed in Germany

ISBN 978-3-8495-7793-3

Das Werk, einschließlich seiner Teile, ist urheberrechtlich geschützt.
Jede Verwertung ist ohne Zustimmung des Autors und des Verlages unzulässig.
Dies gilt insbesondere für die elektronische oder sonstige Vervielfältigung,
Übersetzung, Verbreitung und öffentliche Zugänglichmachung.

Bibliografische Information der Deutschen Nationalbibliothek:
Die Deutsche Nationalbibliothek verzeichnet diese Publikation in der
Deutschen Nationalbibliographie; detaillierte bibliografische Angaben sind im
Internet über http://dnb.d-nb.de abrufbar.

Vorwort

Dieses Buch richtet sich in erster Linie an Lehrer aller Schulformen, die mit dem Gedanken spielen, zusammen mit ihren Schülern Bienen zu halten. Es richtet sich in zweiter Linie an Imker, die in Zusammenarbeit mit einer Schule (etwa der Schule, die die eigenen Kinder besuchen) eine Schulimkerei aufbauen wollen.

Diese Zielsetzung bestimmt weitgehend Perspektive und Schwerpunktsetzung der folgenden Texte: Es wird im folgenden kein imkerliches Wissen vorausgesetzt; vielmehr besteht das Buch zu großen Teilen aus einem imkerlichen Grundkurs, der speziell auf die Bedürfnisse einer Schulbienenhaltung zugeschnitten ist. Hingegen wird davon ausgegangen, dass der Leser grundsätzlich mit dem Umgang mit jungen Menschen vertraut ist; pädagogische "Rezepte" zur Unterrichts- und AG-Gestaltung fehlen deshalb.

Was dieses Buch bieten will: Am Anfang stehen Überlegungen zum pädagogischen Wert einer Schulbienenhaltung. Es folgen für das imkerliche Handeln notwendige Grundlageninformationen über die Biologie der Honigbiene. Die notwendigen Voraussetzungen und Schritte zur Enführung einer Schulbienenhaltung werden besprochen, insbesondere die Rechtsfragen im Zusammenhang mit einer Schulimkerei liegen sicherlich vielen Kollegen "auf dem Magen":

Es ist erfreulich zu hören, dass man – beachtet man einige grundlegende Regeln – durchaus eine Schulimkerei wagen kann, ohne "mit einem Bein im Gefängnis zu stehen". Die für eine erfolgreiche Bienenhaltung benötigte Ausstattung wird vorgestellt – hierbei geht es v.a. um die Frage, welche Prioritäten man für die eigene Schulimkerei setzt: Wer als Rollstuhlfahrer imkert, braucht andere Bienenwohnungen als ein angehender Berufsimker.

Einen Schwerpunkt stellt das nächste Kapitel dar: Es bietet einen Durchgang durch das Bienenjahr und stellt quasi einen Grundkurs der Imkerei dar. Dabei steht die Arbeit mit klassischen Magazinbeuten im Vordergrund; auf Abweichungen für andere Beutenformen wird nur am Rande hingewiesen. Außerdem wird nur auf solche Arbeitsweisen eingegangen, die sich den jugendlichen Teilnehmern im ersten Durchgang leicht vermitteln lassen und die mit und von Schülern realistisch durchführbar sind. Deshalb wird z.B. nur die Bildung eines (Sammel-)Brutablegers erläutert, alle anderen Verfahren der Ablegerbildung bleiben außen vor, ebenso die Königinnenzucht u.a. Ein besonderes Augenmerk liegt auf der Vorstellung eines für Schulimkereien brauchbaren Konzepts zur Varroa-Behandlung ohne synthetische Gifte.

Auch die Produkte einer Schulimkerei werden behandelt, wobei immer klar sein muss: Das wichtigste Produkt jeder Schulveranstaltung ist die Bildung der Menschen, nicht die Produktion von Waren.

Deshalb liegt mir persönlich das nächste, sehr kurze, Kapitel besonders am Herzen: Wie muss eine Schulimkerei gestaltet werden, damit sie auch körperlich eingeschränkten Menschen Zugang und möglichst ungehindertes Arbeiten ermöglicht? Am Ende stehen Informationen zu Vernetzungsmöglichkeiten mit anderen Schulimkereien, sowie Hinweise zu weiterführender Literatur und ein Glossar der wichtigsten imkerlichen Fachbegriffe.

Dem konkreten Schulalltag wollen die zahlreichen Textvorlagen dienen, die in den Text integriert sind: Elternbriefe, Anmeldeformulare, Stockkarten etc. Diese dürfen vom Leser dieses Buches gerne übernommen und an die eigene Situation angepasst werden.

Was dieses Buch nicht leisten kann, ist eine *hinreichende* Einführung in die Imkerei zu geben in dem Sinne, dass die alleinige Lektüre dieses Buches ausreichen würde, eine Bienenhaltung – zu Hause oder in der Schule – aufzubauen. Die Lektüre weiterer imkerlicher Grundlagenliteratur ist ebenso dringend zu empfehlen wie der Besuch eines Einführungskurses oder das Lernen von einem persönlich bekannten Imker. Es ist immer besser, von einem Menschen zu lernen, als aus einem Buch. Im Falle der Imkerei ist es unverzichtbar.

Ich selbst hatte das große Glück, mein bescheidenes Wissen von sehr freundlichen Menschen lernen zu dürfen: Zu großem Dank verpflichtet bin ich Merlin Thinnes für viele Stunden geopferte Zeit und ungezählte Bienenstiche, die er auf sich nahm, um aus mir einen Imker zu machen.

Auch bei der Erstellung dieses Buches durfte ich konkrete Hilfe erfahren: Prof. Dr. Dr. Dr. h.c.mult. Michael Martinek hat die juristischen Abschnitte durchgesehen und wertvolle Hinweise geliefert. Lars Schuffenhauer und Mauritius Thinnes haben akribisch den Text gelesen und zahlreiche konstruktive Vorschläge gemacht.

Schließlich ist das ganze Team der Gemeinschaftsschule Gersheim zu nennen, das mir durch seine offene Atmosphäre, die ich in dieser Weise vorher nicht kannte, zeigte, dass es Spaß macht, Schule als Erlebnisraum zu begreifen und zu entwickeln.

Allen genannten schulde ich sehr viel; ohne ihre Hilfe hätte ich den vorliegenden Beitrag nicht zusammenstellen können. Selbstverständlich liegt die Verantwortung für alle Fehler und Mängel allein bei mir. Für entsprechende Hinweise bin ich dankbar.

Farbabbildungen in Büchern – das war mir vor diesem Projekt selbst nicht klar – sind ausgesprochen kostspielig. Um den Ladenpreis gering zu halten, sind deshalb nur die allernotwendigsten Abbildungen farbig wiedergegeben. Zahlreiche Farbbilder, außerdem alle Textvorlagen sowie künftig notwendige Korrekturen, Ergänzungen und Aktualisierungen sind abrufbar im Internet unter http://schulimkerei.blogspot.de.

im Juni 2014,
thm

meyert@gemeinschaftsschule-gersheim.de

Inhaltsverzeichnis

1	**Warum Bienen an der Schule?**	**9**
2	**Grundlegendes zur Biologie der Biene**	**13**
3	**Schritte auf dem Weg zur Schulimkerei**	**25**
3.1	Voraussetzungen für eine erfolgversprechende Bienenhaltung	25
3.2	Überlegungen zur Namensgebung	27
3.3	Informationsarbeit bei Kollegen und Öffentlichkeit	27
	Textvorlage: Informationsbrief für alle Eltern	28
	Textvorlage: Werbetext für die Schüler	28
3.4	Pädagogische Freiheit absichern: juristische Vorüberlegungen	29
	Textvorlage: Anmeldeformular	31
	Textvorlage: Formular zur Bildverwendung	33
3.5	Wie und wann mit der Bienenhaltung anfangen?	34
	Textvorlage: Checkliste "Erste Schritte zur Schulimkerei"	36
4	**Benötigte Ausstattung**	**37**
4.1	Bienenwohnungen	37
4.2	Sonstige Imkerausstattung	46
4.3	Werkzeuge zur Honiggewinnung	48
5	**Themen im Jahreslauf**	**51**
5.1	Eine Bienen-AG hat immer zu tun: Schuljahr und Bienenjahr – eine Übersicht	51
5.2	Erneuerung des Wabenbaus	54
5.3	Dokumentation anlegen, Erfahrungen sammeln: die Stockkarte	56
	Textvorlage: Formular für eine Stockkarte	57
5.4	Bekämpfung der Varroa-Milbe	58
5.5	Fütterung und Wintervorbereitung	67
	Textvorlage: Kontrollbogen zur Oxalsäurebehandlung	68
5.6	Winterarbeiten	69
5.7	*Best practice* gegen die Amerikanische Faulbrut: Entnahme einer Futterkranzprobe	70
5.8	Frühlingskontrolle und Auswinterung	71
5.9	Ist da eine Königin?	72
5.10	Erste Erweiterung	74

5.11 Freigabe des Honigraums 74
5.12 Vermehrung des Völkerbestandes 75
5.13 Honigernte 79
    Textvorlage: Fahrplan Brutableger 80

6 Dienstleistung für die Schulgemeinschaft: Ein Bienenvolk im Schaukasten **83**
    Textvorlage: Willkommen an unserem Bienen-Schaukasten! 85

7 Barrierefreies Imkern **87**
7.1 Körperliche Anforderungen der Bienenhaltung 87
7.2 Technische Lösungen 88

8 Produkte **89**
8.1 Das wichtigste Produkt einer Schulimkerei 89
8.2 Honig 90
    8.2.1 Honiggewinnung 90
    8.2.2 Gestaltung der Honigetiketten 93
8.3 Bienenwachs 95
8.4 Pollen 95
8.5 Propolis 96

9 Kosten und Ideen zur Finanzierung **97**
9.1 Augen auf bei gebrauchten Ausstattungsgegenständen 97
9.2 Kosten sparen durch Beutenselbstbau und Geräte-Ausleihe . . . 99
9.3 Anfangskosten einer Schulbienenhaltung 99
9.4 Wer zahlt? Ideen zur Re-Finanzierung der Schulbienenhaltung . . . 99

10 Glossar **101**

11 Unterstützung, Vernetzung, Weiterbildung **105**
11.1 Der Deutsche Imkerbund 105
11.2 Netzwerk Bienen machen Schule 105
11.3 Schülerfirmen-Programme 106

12 Literaturhinweise **107**

1 Warum Bienen an der Schule?

Bei näherem Hinsehen erweisen sich Bienen als ideales „Haustier" für Schulen. Dafür gibt es eine Reihe von Gründen:

Bienen sind nicht besonders pflegeintensiv – auch verlängerte Wochenenden und lange Sommerferien sind kein Problem für sie. Oftmals geht es Bienen scheinbar dann am besten, wenn der Imker sie in Ruhe lässt. Bienen sind Sympathieträger, obwohl sie als Nicht-Wirbeltiere einen geringen „Schmusefaktor" haben. In ihnen verbinden sich Eigenschaften eines ausgesprochen produktiven Nutztiers mit denen eines letzten Endes ungezähmten Wildtieres.

Darüberhinaus erzeugen Bienen mit ihrem Honig ein wertvolles Lebensmittel – eine Schularbeitsgemeinschaft, die sich mit Bienenhaltung beschäftigt, ist also kein „l'art pour l'art". Die Schüler erleben, wie ihre Arbeit Früchte trägt und ihre Mühe belohnt wird. Durch ihre Bestäubungsleistung sind die Bienen von größtem Einfluss für das Funktionieren unserer Ökosysteme wie auch für die Versorgung mit Obst. Das konkrete Tun der Schüler ist somit eingebunden in weit größere ökologische Zusammenhänge.

Um solche Erfolge zu erleben, müssen die Teilnehmer aber auch einiges einbringen: Bienenhaltung erfordert verhältnismäßig komplexes biologisches Wissen, um zum Erfolg zu führen.

Bienen in der Schule erlauben also jenes vielzitierte *Lernen mit „Kopf, Herz und Hand"* (Hilbert Meyer), die Integration von Theorie und Praxis anhand eines konkreten Projektes. Schule kann so von den Teilnehmern als echter Lebens- und Arbeitsort erlebt werden (auch wenn ihnen Schularbeiten sonst eher sinnlos vorkommen); Schule wird zu einem Anlass für positive Erfahrungen (auch wenn sonstige Noten-Erfolge vielleicht eher ausbleiben). Bienenhaltung fördert das Erkennen des Sinnes von Wissen und Lernen als Leitungsinstanz für das Handeln – plakativ gesprochen: Wer nichts über die Lebensnotwendigkeiten von Bienen weiß und nichts dazulernt, hat (spätestens seit Aufkommen der Varroa-Milbe) bald keine Bienen mehr.

Dazu kommt weiteres: Bienen können stechen; wenn man mit ihnen umgeht, lernt man, eigene Ängste zu überwinden. Wer Bienen hält, treibt aktiven Umweltschutz und lernt zugleich die ihn umgebende Umwelt von der Warte einer biologischen Schlüsselstelle aus kennen. Bienenhaltung – v.a. wenn die Schüler in angemessenem Rahmen selbstständig arbeiten dürfen – schult die Eigenverantwortung und stärkt das Selbstbewusstsein. Deshalb: Bienen in die Schule!

In einer Bienen-Arbeitsgemeinschaft können Kinder verschiedener Altersstufen mit sehr verschiedenen Begabungen und Interessenschwerpunkten auf sehr verschiedenen Gebieten zusammen arbeiten. Die Aufgaben decken die unterschiedlichsten

1 Warum Bienen an der Schule?

Selbstständige Arbeit an den Bienen fördert das Verantwortungsbewusstsein. Abb.: thm

Kompetenzbereiche ab; Bienenhaltung ist somit umweltpädagogisch, allgemeinbildend und berufspropädeutsch. Bei der Bienenhaltung ergeben sich z.B. folgende Tätigkeitsbereiche:

Klassische imkerliche Tätigkeiten: Die Mitglieder einer Schulimkerei pflegen ihre Völker – am besten in Kleingruppen von je zwei bis drei Schülern, die gemeinsam die Verantwortung für ein Bienenvolk tragen. Sie bilden Ableger, ernten Honig usw.

Lernen lernen und Wissen anwenden: Die Jungimker müssen sich mit der Biologie der Biene und ihren natürlichen Feinden (Stichwort: Varroa-Milbe) beschäftigen, um bei der Bienenhaltung die richtigen Entscheidungen treffen zu können.

Arbeiten mit Holz: Es bietet sich – gerade während der Wintermonate – an, mit den AG-Mitgliedern die benötigten Bienenkästen selbst herzustellen. Auf diese Weise kann ein erheblicher Teil der Kosten gespart werden. (Es gibt inzwischen gut vorbereitete Bausätze).

Tätigkeiten im Service- und Dienstleistungsbereich: Die Mitglieder der Schulimkerei gestalten Verkaufsstände anlässlich des Schulfestes oder eines Tages der Offenen Tür. Hier führen sie Verkaufs- und Beratungsgespräche und erstellen eine Finanzkalkulation.

Präsentation und Vortrag: Mitglieder, die sich besonders gut auskennen, zeigen Schulklassen im Rahmen des Biologie-Unterrichts ihre Bienen. (Hierfür bietet sich besonders der Betrieb eines Bienen-Schaukastens an.)

EDV: Unsere Schulimkerei gestaltet ihre Honigetiketten selbst (mit dem open-source Satzprogramm LaTeX) und führt ihre Finanzbuchhaltung elektronisch. Für Fortgeschrittene: Tüfteln an einer Webpräsenz.

Wirtschaftliches Denken: Es bietet sich an, die Schulimkerei in Form einer Schülerfirma zu organisieren und so von zahlreichen Unterstützungsangeboten zu profitieren. Gleichzeitig erhalten die Mitglieder auf diese Weise quasi "nebenbei" eine elementare ökonomische Ausbildung und bekommen zudem eine von der Wirtschaft anerkannte Zusatzqualifikation für ihre Bewerbungsunterlagen. (zum Thema Schülerfirma s. S. 106.)

Insgesamt gesehen: Eine schulische Bienenhaltung erlaubt eine glaubwürdige Synthese aus Erlebnispädagogik und projektbezogenem Lernen.

Was für wen? Verschiedene Altersgruppen und die Schulbienen

Es erfordert etwas pädagogisches Augenmaß, die konkreten Ausgestaltung des AG-Angebotes "Schulimkerei" an die vorhandene Schülerschaft anzupassen. Zwar ist m.E. Bienenhaltung praktisch für jede Schule geeignet, doch ergeben sich schon anhand des Alters der Schüler grob verschiedene Zuschnitte:

Kinder im Kindergartenalter – Erlebnis Natur: Auch Kindergartenkinder imkern mit Begeisterung, freilich geht es hier primär darum, die Natur am Beispiel der Bienen zu erleben.

Grundschüler – wir Imker: Grundschüler beginnen, sich intellektuell mit den Zusammenhängen im Bienenvolk auseinanderzusetzen, sie verstehen, was eine Königin ist, erkennen Drohnen, unterscheiden Honig- und Brutwaben und helfen begeistert bei praktisch allen imkerlichen Tätigkeiten.

Kl. 5–8 – wachsende Verantwortung: Langsam kann man Schülern der Sekundarstufe I mehr und mehr Verantwortung übertragen, bis diese in der Lage sind, – natürlich beraten durch die betreuende Lehrkraft – ein Bienenvolk weitgehend eigenverantwortlich zu führen.

Ab Kl. 9 – Vorbereitung zur Selbstständigkeit: Ältere Schüler können sich im Rahmen der Schulimkerei darauf vorbereiten, das von ihnen betreute Volk nach Hause zu nehmen. Im Vordergrund sollte jetzt das eigenverantwortliche und selbstgesteuerte Handlen stehen. Schüler dieser Altergruppe befassen sich eigenständig mit innovativen Fragen der Bienenhaltung und können oftmals den alten Imkern "etwas vormachen". V.a. für Schüler dieser Altersgruppe kann eine Schülerfirma sehr attraktiv sein.

1 Warum Bienen an der Schule?

Das Spannendste ist das Miteinander im Rahmen einer nicht altershomogenen Arbeitsgemeinschaft: Schüler werden selbst zu Lehrenden; die Gruppe arbeitet und diskutiert gemeinsam an realen Problemen. Ein besseres Arbeitsgruppensetting lässt sich nicht konstruieren.

2 Grundlegendes zur Biologie der Biene

Die Honigbiene, in biologischer Terminologie *apis mellifica*, gehört zu den staatenbildenden Insekten. Im Unterschied zu ihren Verwandten, den Hummeln und Wildbienen, überwintert bei der Honigbiene das gesamte Volk: die Königin als vollausgeprägtes Geschlechtstier und mehrere tausend Arbeiterinnen.

Diese Besonderheit ist von entscheidender Bedeutung für die Bestäubungsleistung der Honigbiene v.a. im Frühling: Bereits an den ersten etwas wärmeren Tagen können Bienen in großer Zahl ausfliegen und die aufkommenden Frühlingsblüten bestäuben, während Wildbienen und Hummeln erst langsam aus der Winterruhe erwachen und die allein überwinternden Geschlechtstiere dann noch eine ganze Zeit zum Volksaufbau benötigen. Noch ein zweiter Faktor macht den besonderen Wert der Honigbiene als Bestäuber aus: ihre sogenannte Blütenstetigkeit. Eine Honigbiene fliegt bei ihrem Sammelflug stets nur Blüten der gleichen Art an, bis diese als Nektarquelle aufgebraucht sind. Auf diese Weise ist erst effiziente Blütenbestäubung möglich, denn arteigene Pollen sind für die Bestäubung notwendige Voraussetzung. Beide Faktoren zusammen machen die Bienen durch ihre Bestäubungsleistung zu einem der wichtigsten Nutztiere der Landwirtschaft sowie zu einem Schlüsselmoment einer intakten Biosphäre.

Wie ist ein Bienenvolk aufgebaut? Drei verschiedene Bienenwesen sind zu unterscheiden: die Königin, v.a. in älterer Literatur auch als Weisel bezeichnet, die Drohnen und die Arbeiterinnen.

Königin

Die Königin ist das Herzstück des Bienenvolks. Sie entwickelt sich aus einem befruchteten Ei, das von der alten Königin in eine spezielle Zelle zur Reproduktion einer Königin (den sog. "Weiselbecher") gelegt wurde. Während der Entwicklung als Made wird die heranwachsende Königin mit speziellem Königinnenfuttersaft, dem berühmten *gelée royale*, gefüttert. Dieser bewirkt, dass sich die Made schneller entwickelt als alle anderen Bienenwesen und aus dem befruchteten Ei ein vollausgeprägtes weibliches Geschlechtstier wird. Nach dem Schlupf – und nachdem sie eventuelle Rivalinnen getötet hat – begibt sich die Jungkönigin auf den Begattungsflug, bei dem sie sich mit einer Vielzahl von Drohnen paart. Deren Spermatozoen speichert sie in der Samenblase auf, sie reichen für ihren gesamten Lebenszyklus. Ihr weiteres Dasein ist von ihrer einzigen biologischen Aufgabe bestimmt: Sie sorgt für die Reproduktion der Bienen. Dazu legt sie täglich bis zu 2000 Eier. Die Königin erkennt an der Form und Größe der Wabenzelle, ob diese für eine künftige Arbeiterin, einen

2 Grundlegendes zur Biologie der Biene

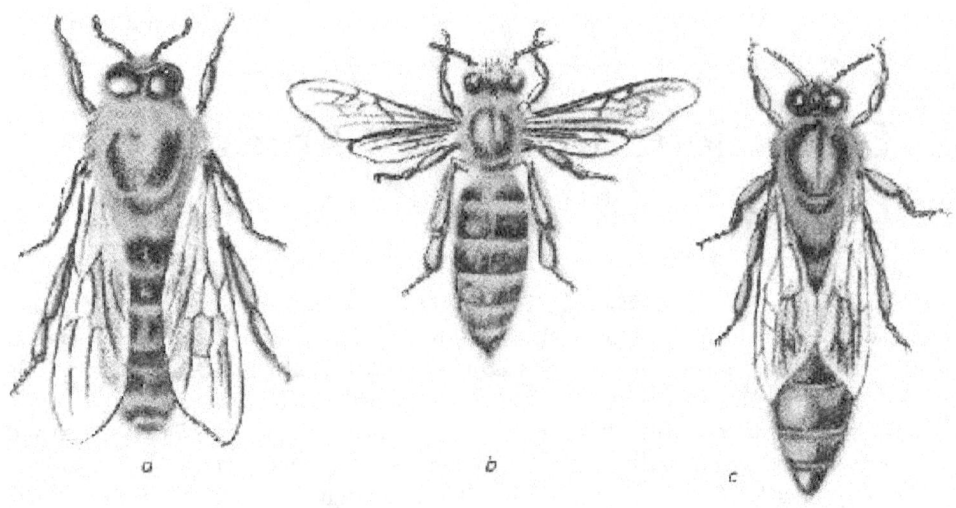

Die drei Bienenwesen: Drohn, Arbeiterin, Königin.
Deutlich erkennt man beim Drohn die großen Facettenaugen und bei der Königin den langen Hinterleib. Abb.: K. v. Frisch, Du und das Leben, 1949

Drohn oder eine neue Königin bestimmt ist. Im Falle, dass eine Arbeiterin oder eine Neukönigin produziert werden soll, versieht sie ihr Ei (das sozusagen den "halben", d.h. haploiden Chromosomensatz enthält) mit einem Spermium und erzeugt so ein Ei mit vollständigem, diploiden Chromosomensatz. Ob aus einem solchen Ei eine neue Königin, oder "nur" eine Arbeiterin wird, ist also genetisch nicht festgelegt, sondern allein von Fütterung und Brutpflege der Ammenbienen abhängig.

In der Regel verlässt eine Königin noch ein zweites Mal in ihrem Leben den Stock: im Rahmen des Schwarmgeschehens zur Neubildung von Bienenvölkern. Ansonsten verbringt sie ihr Leben umgeben von einem ganzen "Hofstaat" (der sich v.a. im Bienen-Schaukasten gut beobachten lässt) und ist praktisch flugunfähig. Mit dem Kot, den die sie direkt umgebenden Bienen aufnehmen, gibt sie Signalstoffe (Pheromone) ab, die den Zusammenhalt des Volkes bewirken. Fehlt die Königin, z.B. weil der Imker sie bei der Volksbearbeitung versehentlich zerquetscht hat, bricht im Volk innerhalb weniger Minuten deutlich wahrnehmbare Unruhe aus. Sind Eier oder jüngste Maden von Arbeiterinnenbrut vorhanden, sind die Bienen in der Lage, aus diesen eine neue Königen nachzuziehen, bzw. wie der Imker sagt, "nachzuschaffen". Das ist von großer Bedeutung bei der Bildung von Ablegervölkern durch den Imker.

In der ganzen Population hat die Königin mit Abstand die höchste Lebensdauer: Bienenköniginnen können bis zu fünf Jahren alt werden, in Einzelfällen ist von noch längerer Lebensdauer berichtet worden. Für die wirtschaftliche Imkerei ist dies

2 Grundlegendes zur Biologie der Biene

Die Königin ist meist mit einem ganzen "Hofstaat" von Pflegebienen umgeben. Abb.: thm

Wegen der besseren Erkennbarkeit werden Königinnen meist mit einem farbigen Punkt auf dem Rücken markiert.
Seine Farbe bezeichnet – in einem fünfjährigen Zyklus – das Geburtsjahr der Königin:

2011	2016	2021	weiß	von
2012	2017	2022	gelb	hell
2013	2018	2023	rot	nach
2014	2019	2024	grün	dunkel
2015	2020	...	blau	...

ohne Bedeutung; der Imker ist eher bestrebt, die Erneuerung seiner Königinnen (nach ca. zwei Jahren) zu unterstützen.

Drohnen
Drohnen sind männliche Geschlechtstiere der Bienen. Sie entstehen aus einem unbegattetem Ei, d.h. sie tragen einen haploiden Chromosomensatz, den sie bei der Paarung in ihrem Sperma weitergeben. Diese Paarung mit einer Königin aus einem anderen Volk ist ihre einzige Aufgabe, für die sie von den Arbeiterinnen versorgt werden: Diese füttern sie sogar, die Drohnen sind nicht in der Lage, eingelagerten Honig selbst aufzuehmen. Da es ihre biologische Aufgabe ist, die genetische Diversi-

2 Grundlegendes zur Biologie der Biene

fikation der Bienen zu gewährleisten und Inzucht zu vermeiden, findet einerseits die Paarung immer außerhalb des Bienenstockes statt, meist in einigen Metern Höhe. Außerdem besitzen die Drohnen selbst keine fest definierte Volkszugehörigkeit, vielmehr werden auch fremde Drohnen vom Bienenvolk aufgenommen und versorgt. Endet im Sommer die natürliche Paarungszeit, werden die jetzt überflüssig gewordenen männlichen Geschlechtstiere in der sog. "Drohnenschlacht" von den Arbeiterinnen abgestochen. Die Drohnen sind dagegen völlig wehrlos, sie besitzen noch nicht einmal einen Stachel.

Für den Imker des Varroa-Zeitalters ist noch ein besonderer Aspekt an den Drohnen von Interesse: Ihre Entwicklung vom Ei bis zum Schlupf des fertigen Insekts dauert wesentlich länger als bei Arbeiterinnen und der Königin. Vermutlich ist dies – verbunden mit den häufigeren Besuchen der potentiell Varroa-übertragenden Ammenbienen – der Hauptgrund dafür, dass sich Varroamilben überproportional häufig in der Drohnenbrut vermehren. Der Imker kann sich dies zunutze machen, indem er gezielt verdeckelte Drohnenbrut aus dem Volk entnimmt. Die Wachstumsquote der Varroamilbenpopulation im Bienenstock wird so nachhaltig gebremst.

Offene Brut: Deutlich kann man bestiftete Arbeiterinnenzellen und Rundmaden erkennen. Abb.: wikipedia

2 Grundlegendes zur Biologie der Biene

Vergleich der Brutentwicklung von Königin, Arbeiterin und Drohn
– verdeckelte Brutstadien grau unterlegt

Tag	Königin	Arbeiterin	Drohn
1	Ei	Ei	Ei
2			
3			
4	Rundmade	Rundmade	Rundmade
5			
6			
7	Streckmade	Streckmade	
8			
9	Verdeckelung	Verdeckelung	Streckmade
10			Verdeckelung
11	Puppe (Nymphe)	Puppe (Nymphe)	
12			Puppe (Nymphe)
13			
14			
15			
16	Schlüpfen		
17			
18			
19			
20			
21		Schlüpfen	
22			
23			
24			Schlüpfen

Arbeiterinnen

Ebenso wie die Königin entstehen Arbeiterinnen aus befruchteten Eizellen. Sie werden allerdings von ihren Ammenbienen nicht mit Königinnenfuttersaft gefüttert, sondern lediglich mit Blütenpollen. (Wenn man deshalb am Flugloch Bienen beobachtet, die Blütenpollen eintragen – erkennbar durch die sogenannten "Höschen" – weiß man, dass im Bienenvolk gebrütet wird.) Die Entwicklung vom Ei zur schlupfreifen Biene dauert 21 Tage.

Im Gegensatz zu Königin und Drohnen erfüllen Arbeitsbienen während ihres Lebens sehr verschiedene Aufgaben: Zunächst beschäftigen sie sich als sog. "Ammenbienen" mit der Brutpflege, sie erzeugen Wachs, bauen Waben, verarbeiten den eingetragenen Nektar zu Honig weiter, betätigen sich als "Wächterbienen" am Flugloch und fliegen schließlich in der letzten Phase ihres Lebens als Sammelbienen aus. Dieses arbeitsame Leben dauert in den Sommermonaten etwa vier bis sechs Wochen.

2 Grundlegendes zur Biologie der Biene

Die verschiedenen Aufgaben einer Arbeiterin (Sommerbienen).

Alter	Tätigkeiten
1.-20. Tag	**Stockbiene:**
1.-2. Tag	"Putzbiene": Reinigung des Stocks, Ausräumen abgestorbener Brut.
3.-5. Tag	"Ammenbiene": Füttern der älteren Maden.
6.-12. Tag	Füttern der jüngeren Maden, Abnehmen des Nektars, Einstampfen von Pollen.
12-18. Tag	"Baubiene": Sekretion von Wachs, Aufbau von Waben.
ab 16. Tag	erste Orientierungsflüge.
17.-18. Tag	einige Tiere bewachen als "Wächterbiene" das Flugloch.
20.-35. Tag	**Flugbiene:**
ab 20. Tag	Sammelflüge für Wasser, Pollen und Nektar.
ca. 35. Tag	Tod.

Je nach den spezifischen Bedürfnissen des Volkes sind Abweichungen möglich, z.B. können im Rahmen des Schwarmgeschehens die ausgezogenen Flugbienen wieder Aufgaben in den Bereichen Wabenbau und Brutpflege übernehmen.

Durch den Eintrag von Nektar, Pollen und Propolis bieten die Arbeiterinnen die Nahrungsgrundlage des Bienenvolkes; der Nektar wird durch mehrfache Weitergabe von einer Biene zur anderen mit zahlreichen Enzymen angereichert und der Großteil seines Wassergehaltes entzogen. Ist der Nektar durch diese Prozesse zu reifem Honig geworden, wird er in Wabenzellen eingelagert und diese mit einem Wachsdeckel verschlossen. Solcher verdeckelter Honig ist für den Imker erntereif, denn sein Wassergehalt ist in der Regel so niedrig, dass man nicht mehr befürchten muss, dass er bei der Lagerung in alkoholische Gärung übergeht.

Der eingetragene Pollen dient den Bienen als Eiweißfutter für die Aufzucht von Jungtieren. Folgerichtig finden sich Polleneinlagerungen meist in unmittelbarer Nähe zum Brutnest. Bei Propolis handelt es sich um ein Harz, das von Pflanzenknospen eingetragen wird. Es hat antibiotische Eigenschaften und wird von den Bienen zur Verkittung kleiner Löcher und Risse im Bienenstock verwendet; deshalb spricht der Imker vom "Kittharz".

Um ihre Artgenossinnen auf ergiebige Trachtquellen hinzuweisen, haben die Bienen die spektakulären Rund- und Schwänzeltänze als Kommunikationsmittel entwickelt, für deren Entschlüsselung Karl von Frisch 1973 den Nobelpreis erhielt. Wenn man Glück hat, kann man sie in einem Bienenschaukasten beobachten.

Von der bisher beschriebenen Existenzform der "Sommerbienen" ist diejenige der "Winterbienen" zu unterscheiden: Die Lebenszeit der im Herbst geschlüpfen Arbeiterinnen beträgt nicht wenige Wochen, sondern bis zu sechs Monate. Die Ursache für diese extrem verlängerte Lebensdauer ist unklar – eine Rolle spielt offenbar, dass die Winterbienen nicht mit der Aufzucht von Jungtieren beschäftigt sind. (Eine Erfahrung, die Eltern und Pädagogen nur bestätigen können?) Erreicht

2 Grundlegendes zur Biologie der Biene

Karl von Frisch Abb.:
Universität Graz

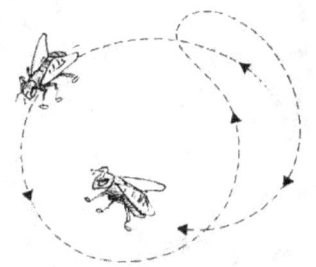

Rundtanz: Die Futterquelle liegt im Umkreis von ca. 100m.
Abb.: K. v. Frisch, Du und das Leben, 1949

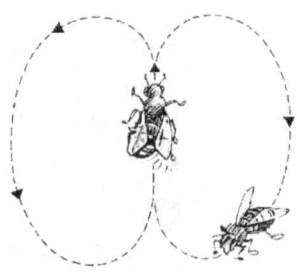

Schwänzeltanz: Die Futterquelle ist weiter entfernt. Abb.: ebd.

wird durch die Langlebigkeit der Winterbienen die Überwinterungsfähigkeit des Bienenvolkes als ganzem. Allerdings verbringen die Bienen den Winter (bei Außentemperaturen von unter 10 Grad) zusammengeballt in der sog. "Wintertraube", in der sich die Bienen durch Aktivität ihrer Flugmuskulatur (bei sozusagen ausgekuppelten Flügeln) gegenseitig wärmen. Zur Energiegewinnung verbrauchen die Bienen jetzt den eingetragenen Honig (bzw. die Ersatzfütterung des Imkers). Dabei sind Bienenvölker in der Lage, auch extreme Kälte problemlos zu überstehen – vorausgesetzt, es ist genügend Futter vorhanden. Völkerverluste über Winter werden neben der Varroa-Milbe v.a. durch zu geringe Futtervorräte verursacht. Entscheidend für beide Erfolgsfaktoren der Überwinterung ist eine sorgfältige Spätsommerpflege der Bienenvölker durch den Imker.

Die Bezeichnungen "Königin" und "Arbeiterin" suggerieren hierarchische Herrschaftsverhältnisse: Die Königin befiehlt, die Arbeiterinnen gehorchen. Dies ist viel zu anthropomorph gedacht: Es ist keineswegs so, dass die Königin irgendwelche souveränen Entscheidungen treffen würde. Vielmehr gibt es im Bienenvolk eine Art kollektiver "Meinungsbildung", die z.B. regelt, ob Waben für Drohnen- oder Arbeiterinnenbrut, oder aber auch Weiselzellen angelegt werden. Die Rolle der Königin beschränkt sich darauf, diese Zellen zu "bestiften", d.h. mit den jeweils passenden (befruchteten oder unbefruchteten) Eiern zu bestücken. Im Falle einer Weiselzelle bestimmt sie damit – falls sie nicht mit einem Schwarm auszieht – ihr eigenes Ende, denn ihre Tochter wird sie, noch bevor sie den Stock zum Begattungsflug verlässt, durch einen Stich töten.

Wenn – aus welchem Grund auch immer – die Königin eines Bienenvolkes verloren geht (meist durch einen misslungenen Eingriff des Imkers), ist es allein an den

2 Grundlegendes zur Biologie der Biene

Arbeiterinnen, für die Weitergabe ihres genetischen Materials und den Fortbestand des Bienenvolkes zu sorgen. Es gibt nun zwei Möglichkeiten:

Nachschaffungszellen: Aus jüngster Arbeiterinnenbrut kann eine Königin nachgezogen werden. Abb.: thm

- Wenn sich im Stock noch Eier oder jüngste Maden von Arbeiterinnenbrut befinden, bauen die Arbeiterinnen mehrere willkürlich ausgewählte Arbeiterinnen-Brutzellen zu sog. "Nachschaffungszellen" aus. Durch die Versorgung mit Königinnenfuttersaft wachsen diese ausgewählten Maden zu neuen Königinnen ("Nachschaffungskönigin") heran. Der Fortbestand des Volkes ist damit gesichert.

- Finden sich hingegen keine jüngsten Maden von Arbeiterinnenbrut (etwa, weil die verlorengegangene Königin selbst eine Nachschaffungskönigin war, die noch keine Gelegenheit zur Eiablage hatte), ist die Bienenkolonie dem Untergang geweiht. Zunächst halten die Bienen den Tagesbetrieb des Stockes aufrecht; doch am Flugloch kann man beobachten, dass kein Pollen eingetragen wird. Manche Völker geben ein deutlich vernehmliches "Heulen" von sich, das durch die gesteigerte Nervosität der Bienen entsteht. Nach einiger Zeit beginnen nun einige Arbeiterinnen, selbst Eier zu legen. Da diese jedoch nicht mit Spermien versehen sind, können aus ihnen nur Drohnen entstehen. Der Imker spricht von einem "drohnenbrütigen" Volk und von "Drohnenmütterchen". Es hat keine Überlebenschance. Das Heranziehen von Drohnen ist sozusagen der letzte Versuch zur Weitergabe des eigenen Chromosomensatzes.

Der "Bien" als Kollektivwesen
Aus dieser Aufgabenverteilung der drei Bienenwesen wird deutlich, dass es wenig Sinn ergibt, eine einzelne Biene als Individuum zu betrachten. Vielmehr bilden alle Bienen eines Stockes zusammen eine Art "Kollektivwesen", ähnlich wie die einzelnen Zellen eines Organismus. Für dieses Kollektivwesen hat der Pfarrer Ferdinand Gerstung zu Beginn des 20. Jahrhunderts die Bezeichnung "der Bien" geprägt.

Obwohl sich die neue Bezeichnung auch in Imkerkreisen in der Alltagssprache kaum durchsetzen konnte, sollte man sich bewusst machen, dass der Begriff "der Bien" die Verhältnisse wesentlich besser trifft als die übliche Bezeichnung "Bienenvolk", denn ein "Volk" besteht aus einer großen Zahl von Individuen, die meistens nicht miteinander verwandt sind und ihre Vermehrung individuell in die Hand nehmen. Dagegen stammen im Prinzip alle Individuen einer Bienenkolonie von demselben Muttertier ab – abgesehen von evtl. vagabundierenden Drohnen und dem Sonderfall, dass vor kurzer Zeit die Königin ausgetauscht worden ist.

Ferdinand Gerstung Abb.: NN

Titelseite von Gerstungs Hauptwerk
Abb.: NN

2 Grundlegendes zur Biologie der Biene

Im alltäglichen Sprachgebrauch auch der Imker konnte sich der Ausdruck "Bien" wie gesagt kaum durchsetzen; es ist durchaus üblich, trotz der genannten Kritikpunkte von Bienenvölkern zu sprechen. Gerade im Kontext von Schulimkereien erscheint es aber durchaus sinnvoll, die Begrifflichkeit wenigstens zu problematisieren.

Das Jahr der Bienen

Das Leben der Bienen ist extrem vom Klima abhängig und deshalb in den verschiedenen Klimazonen sehr verschieden ausgeprägt. Bienen in den Tropen, die keinen nennenswerten jahreszeitlichen Unterschieden ausgesetzt sind, produzieren das ganze Jahr hindurch Nachwuchs und tragen auch ganzjährig Nektar und Pollen ein. Imkerei in den Tropen ist ungleich einfacher als in Deutschland, denn das Hauptproblem unserer Imkerei, die Überwinterung, fällt weg. Die Einfütterung für den Winter ist auch der hauptsächliche Kostenfaktor unserer Bienenhaltung; auch er fällt in tropischen Breiten weg. Gleichzeitig liegt der Jahresertrag an Honig um ein Vielfaches höher als in Deutschland. Aus diesen Gründen ist es kein Wunder, dass Importhonige aus Tropenländern unschlagbar preiswert sind. Hinzu kommt natürlich das unvergleichlich geringere Lohnniveau unserer Imkerkollegen z.B. in Lateinamerika.

In den gemäßigten Breiten ist das Leben der Bienen – und damit auch der Imker – von einem strikten Jahreszyklus geprägt. Klassischerweise spricht man davon, dass das "Bienenjahr" im Spätsommer beginne.[1] Die Bienen sitzen jetzt auf einem Wabenwerk, das mit großen Vorräten an Honig und Pollen gefüllt ist, die den Bienen das Überleben des Winters sichern werden. Die Königin legt Eier, aus denen eine besondere Form von Arbeiterinnen schlüpfen: die sogenannten "Winterbienen", deren Aufgabe es ist, mehrere Monate zu überleben, bis in den Frühling hinein. Um dieses Ziel zu erreichen, schonen sie sich nach Kräften: Da die Königin irgendwann im Herbst die Eiablage einstellt, müssen die Winterbienen keine Brutpflege mehr betreiben und insbesondere keinen Futtersaft mehr erzeugen, was ihren Kreislauf schont und ihre Langlebigkeit zu ermöglichen scheint. Auch kräfteverschleißende Massenflüge zum Eintrag von Nektar und Pollen sind jetzt nicht nötig, die Bienen verbringen den Großteil ihres Lebens im Stock.

Während draußen die Temperaturen sinken, ballen sich die Bienen im Stock mehr und mehr zusammen und bilden die sog. "Wintertraube", um sich gegenseitig zu wärmen. Auf diese Weise überstehen die Bienen auch extreme Minustemperaturen problemlos, solange sie nur über genügend Futterreserven zur Energieversorgung verfügen.

Zur Zeit der Wintersonnwende – die Bienen orientieren sich offenbar an der Tageslichtlänge – beginnt die Königin bereits mit der Anlage eines kleinen Brutnestes. Jetzt muss die Temperatur im Kern der Wintertraube noch deutlich erhöht werden – auf ca. 34 Grad! – um die Entwicklung der Bienenmaden zu ermöglichen. Langsam wird während des Spätwinters das Brutnest größer.

---

[1] Selbstverständlich sind solche Einteilungen immer sekundär und menschengemacht und beruhen auf sprachlicher Übereinkunft. Der "Beginn des Bienenjahres im Spätsommer" ist Steckenpferd der deutschsprachigen Imkerliteratur. In Frankreich beginnt das Bienenjahr im Frühling.

Gibt es im Januar / Februar nach längerer Kälte einzelne sonnig-warme Tage, kann man am Flugloch regen Betrieb beobachten: Die Bienen nutzen die Gelegenheit zum "Reinigungsausflug", d.h. sie verlassen den Stock kurz, um draußen ihre Kotblase zu entleeren.

Haselnusssträucher bieten erste Pollen an, die von den Bienen eingetragen werden und zur Ernährung des weiter wachsenden Brutnestes genutzt werden.

Wenn im Frühling das große Blühen stattfindet – zunächst die Kirschblüte, dann folgen Apfel-, Birnen- und Pflaumenbäume –, betreuen die Bienen ein riesiges Brutnest. Die Königin legt jetzt täglich bis zu 2000 Eier, das ist mehr als ihr Eigengewicht. Unter diesen sind nicht nur Arbeiterinnen, sondern auch Drohnenzellen werden angelegt (mit einem etwas größeren Durchmesser von ca. 7mm im Gegensatz zum Durchmesser von ca. 5mm bei Arbeiterinnenbrutzellen) und von der Königin bestiftet.

Die Aufzucht von Drohnen leitet das natürliche Reproduktionsbestreben der Bienen ein: Ein prosperierendes Bienenvolk legt jetzt eine Reihe von sog. Schwarmzellen an, d.h. Zellen zur Aufzucht einer Jungkönigin. Die alte Königin bestiftet auch diese. Sie wird jetzt von ihrem Hofstaat auf "Diät" gesetzt, so dass sich ihre Reproduktionsorgane etwas zurückbilden und die Königin ihre Flugfähigkeit zurückerhält.

Nähern sich die inzwischen verdeckelten Schwarmzellen der Schlupfreife, kommt Bewegung in das Volk. Am Flugloch fällt auf, dass praktisch kein Sammelflug stattfindet; vielmehr schwirren zahlreiche Bienen vermeintlich planlos vor dem Flugloch herum. Dann plötzlich quillt eine geradezu unwahrscheinliche Bienenmenge – etwa die Hälfte der Population – aus dem Stock und steigt in die Luft: Ein Bienenschwarm ist abgegangen. Der Schwarm sammelt sich meist in geringer Entfernung an einem Ast zu einer einzigen, wimmelnden Schwarmtraube. Einzelne, sog. "Spurbienen", begeben sich auf die Suche nach einer neuen Behausung. Sind sie fündig geworden, setzt sich der Schwarm wieder in Bewegung und nimmt die neue Höhle in Besitz. In Windeseile legen die Bienen erste Waben an, die von der Königin bestiftet werden: Eine neue Bienenkolonie ist entstanden; "der Bien" hat sich vermehrt.

Was geht inzwischen im alten Stock vor sich? Sobald die erste Jungkönigin geschlüpft ist, macht sie sich in der Regel auf die Suche nach anderen Weiselzellen. Hat sie diese ausgemacht, sticht sie ihre noch nicht geschlüpften Schwester-Konkurentinnen durch die geschlossene Zellenwand tot. Erst jetzt begibt sich die neue Königin auf das gefährlichste Unternehmen ihres Lebens: Sie verlässt den Stock zum sog. "Begattungsflug", bei dem sie sich mit zahlreichen Drohnen paart und die Spermatozoen in einem speziellen Organ aufbewahrt. Wird sie auf dem Begattungsflug z.B. von einer Amsel gefressen, ist ihr Volk (von einem Eingreifen des Imkers abgesehen) verloren: Die übrigen Königinnenmaden sind ja getötet und jüngste Arbeiterinnenbrut, die zur Nachschaffung einer Königin geeignet wäre, ist nicht mehr vorhanden.

2 Grundlegendes zur Biologie der Biene

Wenn die Königin allerdings wohlbehalten von ihrem Begattungsflug zurückkehrt, kann das Leben im Stock nahtlos weitergehen. In gewissem Sinne ist der "Bien" auf diese Weise unsterblich, wenn nicht äußere Umstände das Kollektivwesen zerstören.

Spätestens zur Zeit der Sommersonnwende erlischt bei den Bienen der Schwarmtrieb; es geht nicht mehr um Expansion, sondern um die Sicherung des Bestandes für den Winter. Ein Bienenjahr ist zu Ende gegangen.

Exkurs: ein falsches Einstein-Zitat

> Wenn die Biene ausstirbt, hat der Mensch nur noch vier Jahre zu leben.
>
> *(Herkunft unbekannt)*

Immer wieder liest man dieses Zitat mit der Angabe, es stamme von dem – quasi als unfehlbare Autorität genannten – Albert Einstein. Daraus wird die Unverzichtbarkeit der Honigbiene für das menschliche Überleben abgeleitet und zugleich – verbunden mit Pressemeldungen über "mysteriöse Bienensterben" – eine apokalyptische Endzeitstimmung generiert. Für Journalisten gilt ein anderes Zitat uneingeschränkt: "Bad news are good news" – schlechte Nachrichten verkaufen sich gut.

Es geht im folgenden nicht darum, die Bedeutung Albert Einsteins zu untergraben; der Fall liegt anders:

Der zitierte Satz stammt – nach EDV-Durchsuche des gesamten von Einstein überlieferten Textcorpus – einfach nicht von Einstein. Es wird auch niemals eine exakte Fundstelle genannt.

Im übrigen ist die Aussage biologisch gesehen Unsinn, wie das Beispiel Amerika belegt: Dort wurden die Planzen bestäubt und Menschen konnten leben, bevor die Europäer die "white man's fly" eingeführt haben.

Bienenhaltung in der Schule gliedert sich ein in den allgemeinen Bildungsauftrag der Schule. Mit diesem ist ein pädagogisches Ethos verbunden. Dieses verbietet, zu Werbe- und Aufmerksamkeitszwecken stereotyp Aussagen zu wiederholen, die offenkundig sinnlos sind und sie dann auch noch einer mit vermeintlicher wissenschaftlichen Unfehlbarkeit ausgestatteten Person unterzuschieben. Internet-Seiten und Flyer mit dem abgedruckten Zitat sind schlicht und einfach peinlich.

Albert Einstein.

3 Schritte auf dem Weg zur Schulimkerei

Ist die grundsätzliche Entscheidung zugunsten der Bienen getroffen, ist zugleich der erste Schritt zur Schulimkerei getan. Diese Entscheidung muss indessen gut überlegt werden, und zwar aus mehreren Gründen:

- Eine Schulimkerei erfordert Investitionen, die nur dann zu rechtfertigen sind, wenn sie eine längerfristige Nutzung erfahren.
- Ein Bienenvolk ist ein Lebewesen, mit dem verantwortlich umgegangen werden sollte.
- Ein Imker trägt immer auch Verantwortung vor den Imkern in seiner Nachbarschaft. Chronisch vernachlässigte Bienenvölker entwickeln sich zu einer Brutstätte für Krankheitserreger und Parasiten; z.B. können sich Varroamilben ohne entsprechende Behandlung explosionsartig vermehren. Das kollabierende Volk lockt Sammlerinnen benachbarter Völker zur "Räuberei" ein; mit dem Honig tragen diese die Parasiten in ihre Heimatkolonien.

Wer sich mit dem Gedanken trägt, an seiner Schule eine Bienenhaltung zu etablieren, ist verpflichtet, sich zunächst selbst zu prüfen, ob er bereit ist, die Verantwortung für das Projekt auch längerfristig zu übernehmen. Im zweiten Schritt muss man überprüfen, ob die Schule gewisse Voraussetzungen, die für die Bienenhaltung als notwendig zu erachten sind, erfüllt.

3.1 Voraussetzungen für eine erfolgversprechende Bienenhaltung

Zunächst zur Frage, ob die eigene Schule grundsätzlich für eine Bienenhaltung geeignet ist. Erfahrungsgemäß begeistert Bienenhaltung Schülerinnen und Schüler aller Altersstufen, jedoch wird die konkrete Ausgestaltung einer Arbeitsgemeinschaft im Grund- und Sekundarstufenbereich unterschiedlich ausfallen. Erst etwa ab Klassenstufe 6 kann man wohl ein Bienenvolk tatsächlich durch eine Kleingruppe von Schülern betreuen lassen. Hier muss man das Profil der geplanten Schulbienenhaltung an die gegebene Schülerschaft anpassen.

Letztlich entscheidend ist die Frage, welche Erwachsenen bereit sind, die AG zu betreuen. Die Betreuung einer Schulbienenhaltung verlangt vom verantwortlichen

Lehrer mehr, als die Präsenz während der eigentlichen AG-Zeiten. Darüber hinaus muss sich die Lehrkraft selbst für die Bienen begeistern und bereit sein, Freizeit einzubringen – z.B. auch für die unbedingt nötige fachliche Fortbildung.

Es ist aus Sicht der Schule unbedingt wünschenswert, wenn ein Team von mindestens zwei Lehrkräften sich mit der Schulbienenhaltung identifiziert, um auch im Falle von Unvorhergesehenem (etwa krankheitsbedingter Ausfall eines Lehrers) die Kontinuität der Bienenhaltung zu gewährleisten.

Es ist ideal (bzw. eher problematisch, wenn dies nicht gegeben ist), wenn der betreuende Lehrer selbst zu Hause Bienen hält, weil sich dann z.B. in der Nutzung teurerer Austattungsgegenstände in der Anfangszeit der Schulbienenhaltung deutliche Synergieeffekte ergeben. Achtung, dass die Schulimkerei aber nicht zur zeitlichen und finanziellen Selbstausbeutung wird!

Weniger problematisch ist die Frage nach dem geeigneten Aufstellungsort für die Bienenvölker. Bienen sind ausgesprochen anpassungsfähig und gerade die Haltung in Großstädten entwickelt sich zum boom. Tatsächlich können Bienenkästen sowohl auf einer Dachterasse gehalten werden, wie an einer etwas abgelegenen Stelle des Schulgartens.

Anspruchsvoller sind die Bedürfnisse der Menschen im Hinblick auf den Bienenstandort: Kann man den geplanten Standort mit dem KFZ oder wenigstens dem Schubkarren erreichen? Ist Vandalismus zu befürchten? Die Bienenkästen sollten auf keinen Fall mitten im Pausengewimmel der Schüler stehen. Ideal ist eine etwas abgelegener, aber dennoch gut zu erreichender Platz, auf den auch im Winter etwas Sonne scheinen kann.

Um Bienen optimal bewirtschaften zu können, braucht man übrigens (wenigstens zeitweise) einen zweiten Standort, der mindestens ca. drei Kilometer entfernt von der "Hauptstelle" liegt: Hierhin kann man z.B. frisch gebildete Ableger bringen, deren Bienen dann nicht in ihre alten Muttervölker zurückfliegen. Dieser Nebenstandort kann allerdings gut auf einem Privatgrundstück des Betreuungslehrers oder auch eines anderen AG-Mitglieds liegen. Haupt- und Nebenstandort müssen dem Veterinäramt angezeigt werden.

Nennenswerte Baulichkeiten am Bienenstand sind nicht nötig – insbesondere braucht man kein Bienenhaus. Moderne Bienenbeuten sind problemlos für die Freiaufstellung geeignet, sollten allerdings z.B. auf einer Holzpalette o.ä. stehen, damit nicht die Bodenfeuchtigkeit das Holz der Beutenböden aufweicht. Natürlich danken auch widerstandsfähige Magazinbeuten eine einfache Dachkonstruktion durch längere Lebensdauer.

Daneben wird ein Lagerraum für die zahlreichen Materialien benötigt, die eine Bienenhaltung mit der Zeit ansammelt: Die Honigschleuder, Honiggläser, Leerrähmchen, nicht benötigte Zargen im Winterhalbjahr und vieles andere nehmen einiges an Platz ein. Traumhaft ist natürlich ein Gartenhaus direkt am Bienenstand, aber auch der Schulkeller kann sich anbieten.

Wesentlich höhere hygienische Ansprüche muss man an den Bereich stellen, in dem das zum Verkauf bestimmte Lebensmittel Honig hergestellt und abgefüllt wird:

Als Schleuderraum eignet sich ideal die Schulküche, wenn eine vorhanden ist. Für die Honiggläser ist eine Spülmaschine zu empfehlen.

3.2 Überlegungen zur Namensgebung

> Bei euch, ihr Herrn, kann man das Wesen
> Gewöhnlich aus dem Namen lesen.
>
> *(Goethe, Faust)*

Die Entscheidung für die Bezeichnung einer Schulveranstaltung ist auf den ersten Blick eine Nebensache, sollte aber dennoch überlegt werden, denn hier wird eine erste Vorentscheidung über Ziele und Inhalte der zu gründenden AG formuliert. Drei Beispiele:

Bienen-AG: Bienen-"Forschung", „Recherche" und „Präsentation" – die Modebegriffe vermeintlich moderner Didaktik – sind auch mit Hilfe des Internet ohne Berührung mit lebenden Tieren und Frischluft möglich. Das ist aber bei einer Schulbienenhaltung im Sinne dieser Anleitung durchaus nicht gemeint.

Imker-AG: Diese Bezeichnung trifft die Sache schon besser. Aber das Hauptwort ist immer noch die „AG", nicht die Imkerei.

Schulimkerei: Erst jetzt stimmen die Gewichtungen: Es geht um eine echte Imkerei – sie bildet das Hauptwort. Das Bestimmungswort „Schul-" liefert lediglich die Präzisierung.

3.3 Informationsarbeit bei Kollegen und Öffentlichkeit

Nur wenn man selbst von etwas überzeugt ist, kann man auch andere Menschen überzeugen. Ist man entschlossen, sich für die Etablierung einer Schulbienenhaltung einzusetzen, muss ein Konzept entworfen werden, wo die Schwerpunkte der neuen AG liegen sollen. Hierzu bietet v.a. das Kapitel "Themen im Jahreslauf" Anregungen.

Erst jetzt sollten die zuständigen Gremien informiert und für das Vorhaben begeistert werden; aus Gründen der Rechtssicherheit empfiehlt es sich dringend, einen Beschluss der Gesamtkonferenz herbeizuführen.

Bevor die ersten Bienen auf dem Schulgelände einziehen, muss zunächst auch der Schulträger (meistens Gemeinde oder Landkreis) informiert werden. Auch die Eltern sollten unbedingt schriftlich informiert werden; dies kann gleich für ein wenig Werbung genutzt werden (vgl. Textvorlage).

Gibt es einen zentralen Ort, wo sich die AGs vorstellen, sollte dort geworben werden. Hierfür eignet sich ein kurzer Text wie in der Vorlage.

3 Schritte auf dem Weg zur Schulimkerei

Textvorlage: **Informationsbrief für alle Eltern**

Bienenhaltung an unserer Schule

Sehr geehrte Damen und Herren, liebe Eltern,

seit einigen Tagen ist unsere Schulgemeinschaft um sehr viele Individuen gewachsen: Die in diesem Schuljahr neu eingerichtete Imker-Arbeitsgemeinschaft hat ihr erstes Bienenvolk auf dem Schulgelände aufgestellt.
Wir sind sehr erfreut, mit der Neugründung der Schulimkerei unserem Anspruch als „naturnahe Schule" nun noch mehr gerecht zu werden. Die Bienen werden nicht nur für die Zwecke der AG genutzt werden; auch der naturwissenschaftliche Unterricht kann auf diese Ressource zurückgreifen.
Erlauben Sie in diesem Zusammenhang, einige Hinweise zu geben:
Die Arbeitsgemeinschaft ist für die Klassen 5 bis 10 offen; auch im laufenden Schuljahr können noch Mitglieder aufgenommen werden. Interessenten wenden sich bitte direkt an uns. Die Bienen befinden sich außerhalb des als Pausenfläche genutzten Schulgeländes. Bitte weisen Sie Ihre Kinder trotzdem darauf hin, dass sie zu dem Bienenstand angemessenen Abstand halten sollen.
Bei den Bienen handelt es sich um sehr sanftmütige Bienen der Rasse „Carnica"; das Risiko für unsere Schüler, gestochen zu werden, halten wir für extrem gering. Sollten Sie diesbezüglich Bedenken tragen (etwa wegen einer diagnostizierten Bienenstichallergie Ihres Kindes), können Sie gerne mit uns Rücksprache nehmen.

Mit freundlichen Grüßen,

Textvorlage: **Werbetext für die Schüler**

AG Schulimkerei
Wir wollen an unserer Schule Bienenvölker halten. Durch das ganze Jahr hindurch arbeiten wir an den Bienen: Wir werden neue Bienenkästen bauen, aufstellen, mit Bienen bevölkern, diese in ihrer Entwicklung beobachten, für genügend Nahrung (Blüten) sorgen, neue Völker bilden, den Bienen den Honig stehlen, unsere Produkte verkaufen. Um das alles tun zu können, müssen wir auch eine Menge über die Bienen lernen. Wer bei uns mitmacht, braucht also Köpfchen und handwerkliches Geschick. Auch eine kleine Portion Mut ist hilfreich – denn Bienen können stechen.

Wir freuen uns auf Euch!

3.4 Pädagogische Freiheit absichern: juristische Vorüberlegungen

Im Rechtsstaat Deutschland findet Bienenhaltung nicht im rechtsfreien Raum statt, sondern ist Gegenstand vielfältiger juristischer Normen. Gerade im Kontext Schule sind Grundkenntnisse dieser Materie unverzichtbar, da es nicht nur um klassisch bienenrechtliche Themen geht, sondern auch Fragen der Aufsichtspflicht sowie sonstige dienstrechtliche Belange betroffen sind.

Deshalb müssen zwei Aspekte getrennt betrachtet werden: Es gibt Vorschriften, die jeden Imker betreffen, und spezifische Aspekte für die Schulsituation.

Bienenrecht im Allgemeinen

Zunächst zu den allgemeinen bienenrechtlichen Vorschriften: Jeder Imker muss seine Bienenhaltung beim zuständigen Veterinäramt (meist auf Kreisebene) anzeigen. Diese Vorschrift dient dazu, dass die Veterinärbehörden einen Überblick über die aufgestellten Bienenvölker im Bilde sind und im Falle von Bienenseuchen entsprechend reagieren können.

Problematischer als diese reine Formalie ist die Frage des Haftungsrechtes. Imker gelten als Tierhalter, diese sind für ihre Tiere schadensersatzpflichtig. Bienen stellen in so fern einen Sonderfall dar, als sie nicht als domestizierte Haustiere, sondern als Wildtiere gelten. Das hat haftungsrechtliche Konsequenzen: Imker unterliegen grundsätzlich einer "Gefährdungshaftung", die von der Frage des konkreten Verschuldens des Tierhalters unabhängig ist: Auch wer als Imker im Umgang mit seinen Tieren nichts falsch gemacht hat, haftet für durch sie eingetretene Schäden. Dies umfasst im Prinzip den Ersatz für entstandene Sachschäden (z.B. Arztkosten) sowie auch Schmerzensgeld.

Soweit die beklemmende juristische Theorie. Aber:

> Tatsächlich spielt nämlich die Haftung der Bienenhalter in der Praxis eine sehr überschaubare, wenn nicht gar eher geringe Rolle. Das liegt bereits in den von unseren Bienen verursachten Schäden begründet. Voraussetzung der Gefährdungshaftung des Tierhalters ist, daß durch ein Tier ein Mensch getötet oder der Körper oder die Gesundheit eines Menschen verletzt oder eine Sache beschädigt wird. [1]

Es bleibt als einziger relevanter Schadensfall, der einen Imker betreffen kann, dass jemand einen Stich erleidet. Wirklich problematisch kann dies bei einer allergischen Überempfindlichkeit werden. Hier können hohe Schadenswerte entstehen, die die private Belastbarkeit rasch übersteigen. Aus diesem Grund muss man die Haftungsfrage sehr ernst nehmen.

Eine wesentliche Einschränkung der Haftung des Bienenhalters ist zu beachten:

---

[1] Michael Martinek, Der Imker und sein Nachbar – neue Perspektiven im imkerlichen Nachbar- und Haftungsrecht, Teil 1 und Teil 2, in: Die Biene – Fachzeitschrift für Imkerei und Bienenzucht mit Beiträgen aus der Praxis und der Wissenschaft 1994, Heft 10, S. 584-590 (Teil 1) sowie Heft 11, S. 641-647 (Teil 2).

3 Schritte auf dem Weg zur Schulimkerei

> Wird eine Biene aber gereizt, so daß sie dann einen Menschen sticht, so kann es leicht zur Minderung oder gar zum völligen Wegfall von Schadensersatz- und Schmerzensgeldansprüchen des Geschädigten kommen, weil sich dieser ein sogenanntes Mitverschulden (§ 254 BGB) entgegenhalten lassen muß.[2]

Eine praktische Schlussfolgerung für den Schulalltag: Der Imker sollte unbedingt, z.B. beim Besuch einer ganzen Schulklasse, deutlich der ganzen Gruppe Verhaltenshinweise im Hinblick auf den Umgang mit den Bienen geben. Wer diesen zuwider handelt, muss sich ggf. ein "Mitverschulden" am Bienenstich vorwerfen lassen – und Abzüge von seinem Anspruch auf Schadensersatz und Schmerzensgeld in Kauf nehmen.

Schon allein aufgrund der haftungsrechtlichen Situation ist die Mitgliedschaft im Deutschen Imkerbund unbedingt empfehlenswert, denn mit dieser ist eine Haftpflichtversicherung automatisch verbunden.

Nicht zu fürchten braucht eine Schulbienenhaltung übrigens in aller Regel Widerstände aus der Nachbarschaft: Eine vermeintliche Beeinträchtigung der Nachbarn muss nach neuerer Rechtsprechung in aller Regel geduldet werden, weil zu allermeist die "Störungen" als bloß "unwesentlich" oder aber als "ortsüblich" und damit jedenfalls als "duldungspflichtig" anzusehen sind.

Spezielle Rechtssituation in der Schule

Das Verhältnis Lehrer–Schüler begründet eine besondere Sorgfaltspflicht des Lehrers gegenüber den ihm anvertrauten Schülern. Deshalb sollte eine gewisse Erfahrung des Lehrers im Umgang mit Bienen eine grundlegende Voraussetzung für deren Einführung in der Schule sein. Diese Sachkenntnis des Lehrers, die seinen souveränen Umgang mit den Bienen ermöglicht, ist bestenfalls auch nach außen hin dokumentierbar, z.B. durch eine schon länger bestehende eigene Bienenhaltung, durch Kursbesuche (z.B. im lokalen Imkerverein) etc.

Nicht nur die Erfahrung des Lehrers ist entscheidend, sondern wesentlich auch der Charakter der gehaltenen Bienen: *Für eine Schulbienenhaltung ist es selbstverständlich, besonders auf maximale Sanftmut der Bienen zu achten.* Dies ist wichtiger, als ein wenig mehr Honig. Bei den in der heutigen Imkerei üblichen Edelrassen der Carnica- bzw. Buckfastbienen ist von großer Sanftmut auszugehen; dagegen wird man dem Betreuer einer Schulbienenhaltung eher eine Sorgfaltsverletzung vorwerfen können, wenn dieser mit der als stechfreudig bekannten sog. "dunklen" Landbiene (*Apis mellifica nigra*) experimentiert.

Hintergrund aller Haftungsfragen im Kontext der Schulimkerei ist eine juristische Grundsatzentscheidung: Halter der Bienen ist in aller Regel der Imker bzw. betreuende Lehrer, nicht der Schulträger. Somit bleibt die Haftung bei der Einzelperson.

Die Spezialfrage, ob eine schulische Bienenhaltung durch eine eventuelle Diensthaftpflichtversicherung der Lehrkraft abgedeckt ist, kann man nicht pauschal be-

---

[2] ebd., S. 28

3.4 Pädagogische Freiheit absichern: juristische Vorüberlegungen

antworten. Hier sollte man die jeweils eigene Police untersuchen und gegebenenfalls bei seinem Versicherungsunternehmen nachfragen.

Textvorlage: **Anmeldeformular**

Teilnahme an der AG Schulimkerei

Sehr geehrte Damen und Herren, liebe Eltern,

Ihre Tochter / Ihr Sohn möchte an der Schulimkerei-AG der Gemeinschaftsschule Gersheim teilnehmen. Dabei arbeiten wir je nach Jahreszeit und Witterung direkt am Bienenvolk. Die Schüler werden dabei grundsätzlich Schutzkleidung tragen; die von uns eingesetzten Bienen sind auf ihren Sanftmut hin selektiert. Trotzdem ist es nicht auszuschließen, dass Ihr Kind gestochen wird.
Bienenstiche sind schmerzhaft, stellen aber keine Gefahr dar, wenn der Betroffene nicht allergisch reagiert. Ob eine Bienenstich-Allergie vorliegt, kann vom Hausarzt getestet werden.
Sollte eine Bienenstich-Allergie vorliegen, ist vom Besuch der Imker-AG dringend abzuraten.
Wollen Sie bitte so freundlich sein, anhand des unteren Abschnittes Ihre Zustimmung zur Teilnahme Ihres Kindes an der Imker-AG zu bestätigen.
Sollten Sie weitere Fragen haben, können Sie sich gerne an mich wenden.

Sehr herzlich, Ihr

_____**Rückmeldung** – bitte abtrennen _____

Kontakt-Informationen: Name der Eltern: _____
während der AG-Zeiten funktionierende Tel.-Nr.: _____
(ggf. mehrere angeben!)

Mein Sohn / meine Tochter _____, Schüler(in) der Klasse _____, darf an der Arbeitsgemeinschaft Imkerei (inkl. Arbeit an den Bienenvölkern) der Gemeinschaftsschule Gersheim teilnehmen.

(Bitte Unzutreffendes streichen:)
– Er/sie reagiert auf Bienenstiche nicht allergisch.
– Mir ist keine allergische Reaktion auf Bienenstiche bekannt. Ich weiß, dass man einen entsprechenden Test beim Hausarzt durchführen kann.

Ort/Datum/Unterschrift: _____

3 Schritte auf dem Weg zur Schulimkerei

Konkrete juristische Forderungen an eine Schulbienenhaltung
Als Ableitung aus dem Gesagten ergeben sich einige Regeln, an die man sich als Anbieter einer Schulbienenhaltung unbedingt halten sollte:

Imkerei als ordentliche Schulveranstaltung: Nur dann decken die schulische Unfallversicherung und Diensthaftpflicht eventuelle Risiken (auch des Lehrers!) ab.

Geschlossener Teilnehmerkreis mit schriftlicher Anmeldung: Die Eltern bzw. Erziehungsberechtigten müssen ihre Zustimmung zur Teilnahme ihrer Kinder geben. Außerdem müssen sie eine Erklärung abgeben, dass ihr Kind nicht gegen Bienenstiche allergisch ist bzw. mindestens, dass eine solche Allergie nicht bekannt ist.

Erreichbarkeit der Eltern bzw. einer Bezugsperson: Während der AG-Zeiten sollte der betreuende Lehrer die Eltern oder eine andere Bezugsperson erreichen können, um ggf. das weitere Vorgehen absprechen zu können.

Mobiltelefon des Lehrers: Dies erfordert, dass der Lehrer am Bienenstand ein funktionierendes Mobiltelefon dabei hat...

Klare Instruktion der Teilnehmer: Die Teilnahmer sollten – ruhig immer wieder wiederholte – Anweisungen zur Vermeidung von Bienenstichen erhalten: Nicht um sich schlagen, ruhig bleiben, darauf achten, keine Bienen zu quetschen usw.

Damit ergeben sich konkrete Forderungen an das Anmeldeformular: Es ist wichtig, dass die Eltern der Mitglieder schriftlich ihre Zustimmung zur Teilnahme an der AG mitteilen und zugleich eine Aussage hinsichtlich einer eventuellen Bienengiftallergie ihrer Kinder machen. Auch sollten Kontaktdaten hinterlegt sein, die gewährleisten, dass alle Eltern (bzw. andere Bezugspersonen) während der AG-Zeiten telefonisch erreichbar sind. (Vgl. Textvorlage.)

Jenseits des Juristischen: Bienen in der Schule dienen primär als Anlass zur Kommunikation, dazu, dass sich Menschen näher kommen und im gemeinsamen Tun freundlich begegnen. Juristische Überlegungen dürfen nicht pädagogisches Handeln verhindern – sie müssen ihm Räume der Sicherheit bereiten.

Ein Nebenthema, das man beachten sollte: Bildrechte
Oftmals stellt sich heraus, dass die Schulimkerei für die Öffentlichkeitsarbeit der Schule eine relativ herausragende Rolle spielt. Umgekehrt ist eine gute Öffentlichkeitsarbeit für die Schulimkerei selbst Voraussetzung, öffentliche Unterstützung in Form von Spenden und Geschenken zu erhalten. Dafür ist eine Präsenz der AG in den Medien, sowohl den Printmedien (Lokalzeitung) als auch im Internet, selbstverständlich.

Doch müssen die Persönlichkeitsrechte der Schüler gewahrt werden; es ist nicht zulässig, Fotos zu veröffentlichen, ohne vorher die schriftliche Erlaubnis der Eltern eingeholt zu haben (vgl. Textvorlage).

3.4 Pädagogische Freiheit absichern: juristische Vorüberlegungen

Textvorlage: **Formular zur Bildverwendung**

Anfertigung und Veröffentlichung von Fotografien Ihres Kindes

Sehr geehrte Damen und Herren, liebe Eltern,

Ihre Tochter / Ihr Sohn nimmt an der Schulimkerei-AG der GemS Gersheim teil. Aus Gründen der Öffentlichkeitsarbeit der Schule sowie zu Zwecken der Lehrerfortbildung möchte ich von der Arbeit unserer Arbeitsgemeinschaft gerne Fotografien anfertigen und diese auch weiterverwenden – selbstverständlich nur, wenn Sie damit einverstanden sind. *Namen und sonstige persönliche Daten werden auf keinen Fall zusammen mit den Bildern veröffentlicht werden.*
Für Ihre Zustimmung wäre ich Ihnen sehr dankbar.
Wollen Sie bitte so freundlich sein, anhand des unteren Abschnittes Ihre Zustimmung zu Fotoaufnahmen Ihres Kindes sowie zur Weiterverwendung des Bildmaterials zu erklären? Sollten Sie weitere Fragen haben, können Sie sich gerne an mich wenden.

Sehr herzlich, Ihr

_____**Rückmeldung** – bitte abtrennen _____

Name der Eltern: _____

Name des Kindes: _____

Nicht zutreffende Erklärungen bitte durchstreichen!

- Mein Sohn / meine Tochter darf in Zusammenhang mit der Schulimkerei der Gemeinschaftsschule Gersheim fotografiert werden.

- Bilder mit meinem Sohn / meiner Tochter dürfen auf der Internet-Seite der Schule veröffentlicht werden.

- Bilder mit meinem Sohn / meiner Tochter dürfen im Rahmen der Öffentlichkeitsarbeit der Schule in Printmedien (Zeitung, Wochenspiegel usw.) veröffentlicht werden.

- Bilder mit meinem Sohn / meiner Tochter dürfen auf dem Weblog der Schulimkerei der Schule, http://schulimkerei.blogspot.de veröffentlicht werden.

- Bilder mit meinem Sohn / meiner Tochter dürfen im Rahmen von Fachveröffentlichungen zum Thema Bienenhaltung in der Schule veröffentlicht werden.

Ort/Datum/Unterschrift: _____

3.5 Wie und wann mit der Bienenhaltung anfangen?

Bienenrassen

Es gibt im wesentlichen zwei in Deutschland verbreitete Bienenrassen, die für die Haltung im Rahmen einer Bienen-AG in Frage kommen:

Carnica: Die am häufigsten anzutreffende Bienenrasse, ausgezeichnet durch ihre Sanftmütigkeit bei gleichzeitig hohem Ertrag.

Buckfast-Biene: Gezüchtet vom deutschstämmigen Benediktinerbruder Adam Kehrle ("Bruder Adam") aus der südenglischen Abtei Buckfast. Buckfast-Bienen sollten auf Dadant-Rähmchen gehalten werden; auch sie vereinen Sanftmut und hohen Ertrag.

Als Schulbienenhaltung sollte man Abstand davon nehmen, Bienen der sog. "Landrasse", auch als "Dunkle Biene" bezeichnet, halten zu wollen. Diese sind wesentlich stechfreudiger und bilden häufiger Schwärme. Es ist zwar grundsätzlich absolut lobenswert, sich um den Erhalt alter, selten gewordener Nutztierrassen zu engagieren. Allerdings steht in der Schule die Sorgfaltspflicht gegenüber den Schülern eindeutig im Vordergrund – v.a. für Anfänger.

Es empfiehlt sich, die Bienen bei einem erfahrenen Imker aus der Nachbarschaft zu beziehen; möglicherweise engagiert er sich weiter als "Imkerpate" in der Anfangszeit der Schulbienenhaltung. Hauptauswahlkriterium für Bienen, die im Rahmen einer Schule gehalten werden, ist nicht der Honigertrag, sondern die Sanftmütigkeit.

Wirtschaftsvölker, Schwärme oder Ableger? – Verschiedene Möglichkeiten, mit der Bienenhaltung zu beginnen

Grundsätzlich sollte man die Bienenhaltung nicht mit einem einzelnen Volk beginnen, sondern von Anfang an mindestens zwei Völker halten. Das hat verschiedene Gründe:

- Wenn ein Volk eingeht, steht man nicht ganz ohne Bienen da.

- Die Schüler können ihre Aktivitäten auf mehrere Völker verteilen.

- Verschiedene Völker können, wenn nötig, einander helfen: Z.B. durch den Austausch von Futter- oder Brutwaben (Weiselprobe).

- Gerade der imkerliche Anfänger braucht verschiedene Völker, um vergleichen zu können: Welches Volk ist stark, welches schwach etc.?

Andererseits sollte aber auf keinen Fall die Anfangsvölkerzahl zu groß sein, damit man sich auf seine Völker wirklich konzentrieren und diese genau beobachten kann. In den späteren Jahren ist es durch Ablegerbildung problemlos möglich, die Zahl der Bienenvölker zu erhöhen.

Man bezieht Honigbienen grundsätzlich in drei verschiedenen Formen:

3.5 Wie und wann mit der Bienenhaltung anfangen?

Wirtschaftsvölker sind Bienenvölker, die bereits (mindestens) einen Winter überstanden haben. Sie beginnen ab Januar mit der Aufzucht junger Bienen, erreichen deshalb zur Hauptblütezeit zwischen April und Juni ihre größte Volksstärke und tragen eine stattliche Menge Honig ein, die der Imker ernten kann. Entsprechend werden Imker für gut überwinterte Wirtschaftsvölker einen entsprechenden Preis fordern.

Schwärme sind das Produkt des natürlichen Vermehrungstriebes der Bienen: Die Königin verlässt mit etwa der Hälfte der Arbeiterinnen ihren bisherigen Stock, um ein neues Volk zu gründen, während im zurückbleibenden Altvolk eine neue Königin schlüpft und den Fortbestand sichert. Schwärme fallen meist im Mai an und sind zunächst mit dem Aufbau neuen Wabenwerks beschäftigt. Im Jahr ihrer Entstehung ist von Ihnen kein Honig zu erwarten. Man erhält Schwärme oft kostenlos – hier lohnt es sich, zeitig (März/April) seine Adresse bei der örtlichen Feuerwehr und Polizei zu hinterlegen. Achtung: Meist erfolgt der entsprechende Anruf Sonntags um 13 Uhr. Hilfreich kann die Internet-gestützte Schwarmbörse des Vereins Mellifera sein: http://www.schwarmboerse.de.

Ableger sind vom Imker gebildete Jungvölker. Ihre Bildung sollte im April/Mai erfolgen und ist für jeden Imker problemlos möglich. (Die Vorgehensweise zur Bildung wird weiter unten beschrieben.) Eine neue Bienenhaltung mit mehreren Ablegern zu beginnen, dürfte der Normalfall sein und ist uneingeschränkt empfehlenswert: Mit dem Wachstum der Bienenvölker wärend des ersten Jahres wächst auch die Erfahrung des Imkers. Allerdings muss man wissen, dass Ableger im ersten Jahr ihres Bestehens noch keinen Honig erbringen.

Wann ist der günstigste Moment, mit der Schulbienenhaltung anzufangen?

Es spricht nach Erfahrung des Autors nichts dagegen, mit Beginn des neuen Schuljahres im September auch die neugegründete Schulimkerei-AG beginnen zu lassen. Es gibt zu diesem Zeitpunkt noch keine Bienen an der Schule. Die angehenden Jungimker könnten zunächst (ggf. mehrmals) einen benachbarten Imker besuchen und diesem über die Schulter schauen. Während der langen Herbst- und Wintermonate lassen sich hervorragend Bienenbeuten zimmern, Etiketten gestalten etc. Auf einem eventuellen Adventsmarkt o.ä. kann vielleicht Honig des Imkers auf Kommission verkauft werden?

Im Frühjahr folgt dann die Übernahme der neugebildeten Ableger, die bis zum Herbst zu leistungsfähigen Bienenvölkern aufgepäppelt werden. Im darauffolgenden Frühling ist dann der erste Honig zu erwarten.

Diese Vorgehensweise fordert allen Beteiligten einen etwas "langen Atem" ab. Eine Beschleunigung kann dadurch erreicht werden, dass man nicht mit Ablegern, sondern z.B. mit zwei Wirtschaftsvölkern beginnt, deren Übernahme ja zu jeder Jahreszeit möglich ist. Allerdings sind dann die Anfangsinvestitionen höher.

Textvorlage: **Checkliste "Erste Schritte zur Schulimkerei"**

Zur Selbstkontrolle kann folgende Aufstellung von Punkten dienen, die erledigt werden müssen, bevor das erste Bienenvolk auf dem Schulgelände einziehen kann:

- Gibt es unter den Kollegen einen Mitstreiter?
- Ist die Schulleitung für das Projekt gewonnen?
- Wurde der Schulträger informiert?
- Sind die Eltern informiert? Gibt es aus der Elternschaft evtl. Unterstützung?
- Konnte ein erfahrener Imker gewonnen werden, der das Projekt unterstützt? Alternativ: Teilnahme an einem Imker-Kurs.
- Steht die Finanzierung der Anfangsinvestitionen?
- Gibt es auf dem Schulgelände einen geeigneten Platz für die Bienen ...
- ... und die Materialien der AG?
- Besteht eine Mitgliedschaft im örtlichen Imkerverein?
- Ist die Bienenhaltung dem Veterinäramt angezeigt worden?

4 Benötigte Ausstattung

4.1 Bienenwohnungen

Beutenformen

Imker sind erfinderische Bastler, die in den letzten gut 200 Jahren eine große Vielzahl verschiedener Beutentypen für verschiedene Anforderungsprofile entwickelt haben. Hier gilt es, eine begründete Auswahl zu treffen, denn eine spätere Umstellung ist in der Regel umständlich und kostenintensiv. Grundsätzlich sind verschiedene Bauformen von Bienenwohnungen zu unterscheiden:

Schaukästen eignen sich für kleine Ableger auf 1–3 Waben, die mit Hilfe der verglasten Fenster sehr gut beobachtet werden können, ohne dass die Betrachter in direkten Kontakt mit den Bienen kommen. Wegen des sehr begrenzten Raumangebotes sind diese Kästen nicht geeignet, einen Honigertrag zu erwirtschaften oder auch nur ein Bienenvolk längerfristig (z.B. über den Winter) zu halten. Doch kann ein gut positionierter Schaukasten das Aushängeschild einer (Schul-)Imkerei sein und eine wichtige Rolle bei der Nachwuchsrekrutierung spielen.

Magazinbeuten sind für die einfache, ertragsorientierte Bienenhaltung entwickelt worden. Sie erlauben den rationellen Umgang mit den Bienen und sind das bevorzugte Arbeitsmittel der überwiegenden Mehrzahl der Hobby-, Nebenerwerbs- und Erwerbsimker. Die Grundidee ist, dass sich die Bienenbeute aus mehreren gleichen, austauschbaren Zargen zusammensetzt, in denen die Rähmchen mit den Bienenwaben eingehängt werden. Unsere Schulimkerei arbeitet mit der "Hohenheimer Einfachbeute", die von Dr. Gerhard Liebig entwickelt wurde. Entwicklungsziel war die größtmögliche Vereinfachung sowohl der Bienenhaltung allgemein als auch der Beutenkonstruktion selbst; so ist dieser Beutentyp am ehesten auch für Schülergruppen selbst zu bauen. Daneben sind weitverbreitete Magazinbeutentypen: die Dadant-Beute, das Herold-Magazin sowie eine Vielzahl von Lokal- und Eigenkonstruktionen.

Golz-Beuten und andere Spezialbeuten für körperlich eingeschränkte Menschen erlauben die Bienenhaltung, ohne schwere Zargen heben zu müssen, weil alle Wabenrähmchen nebeneinander angeordnet sind. Dadurch gibt es auch keine großen Höhenunterschiede und die Bienenhaltung wird auch für Rollstuhlfahrer möglich.

4 Benötigte Ausstattung

Traditionelle Bienenkörbe, die Warre-Beute oder die Bienenkiste erlauben das Experimentieren mit alternativen Haltungsformen, die in der Regel weniger am Honigertrag orientiert sind. Wer z.B. mit einer Bienenkiste, die im Moment einen starken medialen boom erlebt, liebäugelt, sollte allerdings bedenken: Die einzelnen Waben lassen sich nur mit großem Aufwand entnehmen. Deshalb ist es z.B. sehr schwer, das Brutverhalten eines Bienenvolkes zu beobachten. Auch ist es nicht möglich, einen Ableger z.B. für einen Bienen-Schaukasten zu bilden. Die Honigentnahme und -gewinnung ohne Schleuderung ist schließlich eine klebrige Angelegenheit ... Alles in allem sehe ich keine Argumente, Bienenkisten als hauptsächliche oder gar einzige Haltungsform für eine Schulimkerei zu propagieren. Allerdings spricht nichts gegen eine Bienenkiste neben einigen klassischen Magazinbeuten.

Für welche Beute soll man sich entscheiden? Im Unterschied zur kommerziellen Imkerei verfolgt eine Schulimkerei andere Ziele: Für einen Berufsimker muss Einheitlichkeit der Ausstattung und Standardisierung der Arbeitsweise ein wichtiges Ziel sein, um größtmögliche Arbeitseffizienz zu erreichen. Er will unter Einsatz von möglichst wenig Zeit möglichst viel Honig erzeugen. In Kontext einer Bildungseinrichtung gelten andere Prioritäten: Offenheit und Experimentierfreude sind wichtige Ziele der erzieherischen Arbeit und sollten folglich auch die Arbeitsweise der Schulimkerei selbst prägen. Was spricht dagegen, einen Kernbestand von zwei oder vier klassischen Magazinbeuten mit der Zeit durch experimentellere Modelle zu umgeben und auch Erfahrungen mit der Korbimkerei, Golz-Beuten oder Einraumbeuten zu sammeln?

Eine Sache muss allerdings betont werden: Von einigen radikalen Vertetern alternativer Haltungsformen wird die ganze Idee des Mobilbaus, das Arbeiten mit einzeln entnehmbaren Rähmchen, als den Bienen nicht "wesensgemäß" verworfen. Das Arbeiten mit Rähmchen betrachte den Organismus des Bienenwesens als maschinenähnliches Konglomerat von austauschbaren Ersatzteilen. Dies habe auch negative Folgen für die Vitalität der Bienen: Erst mit der Haltung auf Rähmchen sei es zu den heute bekannten Bienenkrankheiten gekommen. Wer so denkt, verwechselt Ursache und Wirkung: Erst der Mobilbau erlaubte ab dem 19. Jahrhundert die genaue Beobachtung der Bienen und die differenzierte Beschreibung von Krankheitsbildern. In freier Natur haben die Bienen über Jahrmillionen sich an gerade vorhandene Hohlräume – hohle Bäume, Felsritzen etc. – angepasst und bestens überlebt. Versuche haben gezeigt, dass Rähmchenmaße und Kastenformen auf die Volksentwicklung keinerlei Einfluss haben. Entscheidend für den wesensgemäßen Umgang mit den Bienen ist die Arbeitsweise des Imkers – wie sorgfältig er mit den Bienen hantiert, womit er füttert, wie er die Varroa bekämpft – und nicht die Form des Bienenkastens.

Vier in Schulimkereien verbreitete Beutentypen im Vergleich
Beachtet man die besonderen Ziele einer Schulbienenhaltung – es kommt nicht primär auf Effizienz und maximalen Ertrag an – , so kristallisieren sich trotz der grundsätzlichen Möglichkeit, jedes der üblichen Beutensysteme einzusetzen, vier

Beutentypen heraus, die sich gerade für den Neueinstieg in die Schulbienenhaltung eignen.

Zunächst scheiden m.E. alle Styroporbeuten und veralteten Beuten (Vorsicht vor ebay-Schnäppchen!) aus. Auch die vielgepriesenen experimentellen Beutensysteme, die keinen Schleuderhonig erlauben (top-bar-hive, Bienenkiste), bleiben außen vor.

Statt dessen läuft es oft darauf hinaus, sich zwischen vier Beutentypen zu entscheiden – jede dieser vier Beuten bietet spezielle Vorzüge, hat aber auch spezifische Nachteile: als klassische Magazinbeute die sog. "Hohenheimer Einfachbeute" nach Dr. Gerhard Liebig, die Dadant-Beute (in der Ausführung nach Bruder Adam Kehrle), die (leider) sehr wenig verbreitete Golz-Beute sowie die vom Verein "Mellifera" entwickelte Einraumbeute.

Alle vier Beuten erlauben zeitgemäße Imkerei: bewegliche Rähmchen, einen Schiebeboden zur Varroa-Kontrolle, die Möglichkeit zur Varroa-Behandlung mit modernen Ameisensäureverdunstern. Dennoch stehen sie gewissermaßen für verschiedene Konzepte von Bienenhaltung und erfordern auch in der imkerlichen Praxis eine unterschiedliche Herangehensweise:

Die Hohenheimer Einfachbeute nach Dr. Gerhard Liebig wurde vom Biologen Dr. Gerhard Liebig am Intsitut für Bienenkunde der Universität Stuttgart-Hohenheim (unter Rückgriff auf ältere Vorformen) entwickelt. Ziel war der Entwurf einer möglichst einfachen Beute ohne irgendwelche verzichtbaren Verkomplizierungen. Die Beute ist deshalb am ehesten zum Selbstbau geeignet; es gibt auch gut gemachte Bausätze. Es handelt sich um eine klassische Magazinbeute mit zwei Brut- und einem Honigraum mit jeweils zehn Zanderrähmchen. Die ganze Beute ist darauf hin entworfen worden, möglichst "Einfach [zu] imkern" – so der programmatische Buchtitel Liebigs. Die Beute hat sich in den letzten Jahren (auch aufgrund des sehr günstigen Preises) mehr und mehr durchgesetzt und zur Standardbeute der klassischen Imkerei entwickelt. Die Beute und das von Liebig entwickelte Haltungskonzept eignen sich – wegen der leichten Erlernbarkeit – sowohl für Schulkontexte als auch – wegen der großen Effizienz – für Berufsimkereien mit vielen hundert Völkern. An meiner eigenen Schulimkerei bilden vier Völker in Hohenheimer Einfachbeuten das "Rückgrat" der ganzen Imkerei.

Die Dadant-Beute nach Bruder Adam ist eine Weiterentwicklung der Dadant-Beute aus dem 19. Jahrhundert, die auf den deutschstämmigen Benediktinerbruder Adam Kehrle zurückggeht, der 1919 die Leitung der Imkerei des Klosters Buckfastleight, GB, übernahm. Bruder Adam ist v.a. für die Züchtung der sog. Buckfast-Biene bekannt geworden, mit der er unter Benutzung von Dadant-Beuten ein ausgesprochen erfolgreiches Haltungskonzept entwickelt hat. Buckfast-Bienen sollten deshalb immer auch in Dadant-Kästen gehalten werden. Auch für Halter anderer Bienenrassen können Dadant-Beuten interessant sein, weil das große Maß der Brutraumwaben erlaubt, dass die Bienen ihr Brutnest auf einer großen Wabenfläche anlegen, die nicht von einer

4 Benötigte Ausstattung

Übersicht: Vier besonders für Schulimkereien geeignete Beuten im Vergleich.

	Einfachbeute Dr. Gerhard Liebig	Dadant-Beute Bruder Adam	Golzbeute Wolfgang Golz	Einraumbeute Mellifera e.V.
gleiches Rähmchenmaß in Honig- u. Brutraum?	ja	nein	ja	ja
ungeteilte Brutwaben?	nein	ja	ja	ja
Absperrgitter	ja	ja	ja	nein
Honigernte mit Bienenflucht?	ja	ja	nein	nein
Demeter-verträglich?	nein	naja...	nein	dafür gemacht!
barrierefreies Imkern?	nein	nein	ja	ja

Wabengasse unterbrochen wird. Ob dieser Unterschied relevanten Einfluss auf die Entwicklunmg der Bienen hat, ist unter Imkern Gegenstand lebhafter Debatten. Für die Produktion von Demeter-Honig ist das "ungeteilte Brutnest" jedenfalls Voraussetzung. Problematisch ist, dass das verschiedene Maß in Brut- und Honigraum einen regelmäßigen Austausch des Wabenmaterials mit dem Ziel der Bauerneuerung erschwert. Außerdem müssen die Honigraumwaben über Winter eingelagert – und also vor Wachsmottenbefall geschützt werden. Dieses Problem entfällt sowohl bei der Einfachbeute als auch der Einraumbeute.

Die Golz-Beute wurde von Wolfgang Golz in den Fünfziger Jahren entwickelt mit dem Ziel, "Imkern ohne Heben" zu ermöglichen. Alle Waben sind auf einer Ebene angeordnet, Brut- und Honigraum stehen nebeneinander und sind durch ein vertikal stehendes Absperrgitter getrennt. Somit ist rationelles Imkern möglich; durch ihre Bauart bieten sich Golz-Beuten besonders für Menschen mit Rückenproblemen oder anderen körperlichen Einschränkungen an. Nachteile der Golzbeute sind der relativ hohe Preis sowie das weitgehend unübliche Rähmchenmaß "Kuntzsch-hochkant". Meiner Meinung nach wird die Golz-Beute gerade im Schulkontext, wo einige weitere Nachteile (hohes Gewicht und große Maße als Hindernis bei Wanderungen) weniger ins Gewicht fallen als in der kommerziellen Imkerei, viel zu wenig genutzt.

Die Einraumbeute von Mellifera e.V. bietet ideale Voraussetzungen, Bienen möglichst naturnah (in der Ausdrucksweise von Mellifera e.V.: "wesensgemäß") zu halten und dennoch (im Gegensatz zu top-bar-hive und Bienenkiste) einen verwertbaren Honigertrag zu erzeugen: Die Bienen leben auf hochkant gestellten Dadant-Rähmchen und können so ein ungeteiltes, eher hohes als breites Brutnest anlegen. Ihrem natürlichen Verhalten gemäß lagern sie den Honig fluglochfern, d.h. an den beiden Außenseiten des Kastens, ein. Der Imker kann die Honigwaben einzeln entnehmen, nachdem er kontrolliert hat, dass sie keine Brut enthalten. Der Einsatz von Absperrgittern und Bienenfluchten ist nicht vorgesehen, die Arbeit gestaltet sich im Vergleich zu den beiden Magazinbeuten also wesentlich weniger rationell (wabenweises statt zargenweisem Arbeiten) und der Imker hat mehr Kontakt zu den Bienen (die er von den Honigwaben abfegen muss). Im Gegensatz zur Golz-Beute muss der Imker bei der Entnahme der erntereifen Honigwaben auch darauf achten, dass diese keine Brut enthalten. Für den Schulkontext interessant ist, dass durch die Bauweise der Einraumbeute alle Waben auf einer Etage stehen und so das Bienenvolk deutlicher als eine Einheit wahrgenommen wird.

Die in der Tabelle verwendeten Bewertungskriterien sollten reflektiert werden; nicht jedes der angeführten Kriterien ist für jeden Imker relevant. Vielmehr muss jeder selbst entscheiden, auf welche Eigenschaften einer Bienenbeute es ihm in seiner spezifischen Situation ankommt:

4 Benötigte Ausstattung

Gleiches Rähmchenmaß in Brut- und Honigraum erlaubt die unbedingt notwendige Erneuerung des Wabenwerks auf denkbar einfache Weise (Vgl. Abschnitt 5.2 auf Seite 54): Die ausgeschleuderten Honigwaben ersetzen die jeweils ältesten Brutwaben, die eingeschmolzen und zu neuen Mittelwänden umgearbeitet werden. Verwendet man in Brut- und Honigraum verschiedene Maße, muss man zwei Probleme mehr lösen: Was geschieht mit den Honigwaben nach der Ernte? Wie wird der Wabenbau des Brutraums erneuert?

Ungeteilte Brutwaben werden von den Anhängern der "wesensgemäßen Bienenhaltung" im Sinne des Vereins Mellifera e.V. als wesentliche Forderung aufgestellt. Ihrer Meinung nach stellt die Unterteilung des Brutraums, die sich z.B. bei Beuten im Zandermaß ergibt, eine empfindliche Störung der organischen Entfaltung des Bienenvolkes dar. Empirische Nachweise für diese Meinung stehen aus bzw. werden von nicht-anthroposophischen Bienenkundlern entschieden bestritten.

Absperrgitter zwischen Brut- und Honigraum verhindern, dass die Königin in den Honigraum gelangt und dort Eier ablegt; der Abstand der Gitterstäbe erlaubt den Arbeiterinnen hingegen problemlos die Passage. Auf diese Weise ist gewährleistet, dass in den geernteten Honigwaben keine Bieneneier und Maden zu finden sind, diese können einfach ausgeschleudert werden. Anhänger der "wesensgemäßen Bienenhaltung" lehnen Absperrgitter ab; für die meisten Imker, darunter auch mich, sind sie unverzichtbare Betriebsmittel.

 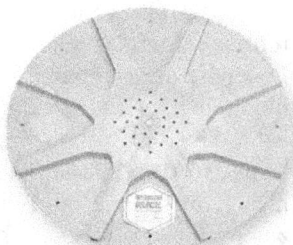

Absperrgitter Abb.: www.bienen-ruck.de   Bienenflucht Abb.: www.bienen-ruck.de

Honigernte mit Bienenflucht bedeutet gerade für Schulimkereien, aber auch für die auf Effizienz getrimmte Erwerbsimkerei einen großen Vorzug: Die Entnahme des Honigs ist möglich, praktisch ohne mit den Bienen in Berührung zu kommen. Voraussetzung ist, dass am Tag vor der Ernte eine sogenannte Bienenflucht zwischen Brut- und Honigraum eingebracht werden kann. Dabei handelt es sich um eine Vorrichtung, die die Bienen lediglich in einer Richtung durchqueren können. Quasi über Nacht wird so der Honigraum (fast) bienenfrei. Ohne Benutzung einer Bienenflucht sind die Honigwaben dicht mit

Bienen besetzt, die mit Hilfe einer Bürste abgekehrt werden müssen. Dabei fliegen naturgemäß viele Bienen auf, einige kehren auch wieder auf die Waben zurück ...

Demeter-Kompatibilität ist primär für Waldorfschulen relevant, die ihren Honig unter dem Demeter-Siegel vermarkten oder wenigstens intern das Demeter-Reglement einhalten wollen, auch wenn eine formelle Zertifizierung zu kostspielig ist. Am besten informiert man sich im Internet über die detaillierten Vorgaben.

Barrierefreiheit Die Bauform der Bienenbeuten ist einer der wichtigsten Faktoren, ob eine Schulbienenhaltung dem Anspruch inklusiver bzw. integrativer Schulen gerecht wird und körperlich eingeschränkten Menschen das Imkern ermöglicht oder nicht. Am wichtigsten ist, dass alle Waben in einer Ebene angeordnet sind, so dass keine schweren Gewichte zu heben sind – eine besetzte Magazin-Zarge mit 10 Zanderwaben kann über 20kg wiegen. Außerdem ergibt sich so eine einheitliche Arbeitshöhe, die auch Rollstuhlfahrern das Arbeiten am offenen Bienenkasten ermöglicht. Nimmt man Barrierefreiheit als Kriterium ernst, scheidet die Bienenkiste als die wohl unhandlichste Behausung für Bienen ebenso aus wie alle Magazinbeutensysteme. Unsere eigene Bienen-AG fährt aus diesem Grunde mehrgleisig, weil wir einerseits nicht auf die Vorzüge klassischer Magazinbeuten verzichten wollen, andererseits aber die Imkerei entschieden für möglichst *alle* Interessenten offen halten wollen. Detailliertere Infos zum Thema s. Kap. 7 auf S. 87.

Letzten Endes muss jeder Imker selbst entscheiden, welche Prioritäten er selbst für seine Beuten-Entscheidung setzen will. Eine Schulbienenhaltung tut gut daran, den angehenden Jungimkern verschiedene Möglichkeiten zu zeigen und ihnen unmittelbar erlebbar zu machen, wie sich das Imkern mit den verschiedenen Systemen anfühlt.

Rähmchenmaße
Von der Bauform der Bienenwohnung als solcher ist das sog. Rähmchenmaß zu unterscheiden, das die genauen Abmessungen eines einzelnen Holzrähmchens definiert, in das die Bienen ihre Waben bauen. Dies ist grundsätzlich von der Beutenart unabhängig; es gibt Schaukästen und Magazinbeuten für verschiedene Rähmchenmaße; andererseits bedingt z.B. die sehr spezialisierte Golz-Beute das seltene Maß "Kuntzsch-hochkant". Rat in Detailfragen bieten die Kataloge des Imkerfachhandels...

Im Gegensatz zur Frage der Beutenform ist es beim Rähmchenmaß wichtiger, innerhalb der eigenen Bienenhaltung Einheitlichkeit anzustreben: Nur bei gleichem Rähmchenmaß lassen sich problemlos Völker vereinigen oder durch Zuhängen einzelner Rähmchen verstärken. Auch die Bildung von Ablegern zur Vergrößerung des Völkerbestandes ist einfacher, wenn alle Völker auf der gleichen Rähmchenart gehalten werden.

Von praktischer Relevanz in Deutschland sind v.a. drei Rähmchengrößen:

4 Benötigte Ausstattung

Zander-Maß: 42 x 22 cm große Rähmchen (Außenmaß), vor allem in Süd- und Westdeutschland verbreitet.

Deutsches Normal-Maß: eher in Nord- und Ostdeutschland üblich, ca. 20 Prozent kleiner als das Zander-Maß (37 x 22,3 cm). Bei beiden Maßen ist es üblich, den Bienen zwei Zargen als Brutraum zu geben und während der Trachtsaison eine dritte Zarge als Honigraum aufzusetzen.

Dadant-Maß: Im Brutraum erlauben größere Rähmchen (43,5 x 30 cm) eine einstöckige Zarge und damit ein Brutnest, das in der Höhe nicht durch eine Rähmchengrenze unterbrochen ist. Dadant-Imker versprechen sich davon einen günstigen Einfluss auf die Volksentwicklung der Bienen. Im Honigraum wird ein kleineres Rähmchenmaß (43,5 x 16 cm) verwendet.

Alle drei Rähmchenmaße haben sich in der Praxis bestens bewährt, was allein schon dadurch bewiesen wird, dass jeder Imker kompromisslos auf "sein" Maß schwört... Ich selbst verwende privat und in der Schule das Zandermaß, da es ca. 20 Prozent größer ist als das Deutsch-Normal-Maß und so bei gleicher Völkerzahl bzw. Honigmenge etwa ein Fünftel weniger Handgriffe anfallen. Gegen das Dadant-Maß spricht m.E., dass die Brutraumzargen andere Abmessungen haben als die Honigraumzargen. Dadurch funktioniert z.B. die Erneuerung des Wabenwerks im Brutraum durch die ausgeschleuderten Honigraumwaben nicht. Natürlich haben Dadant-Imker hier andere Vorgehensweisen entwickelt, die allerdings m.E. etwas umständlicher sind. Ein dramatischer Nachteil ist dies ohne Zweifel nicht.

Ein praktischer Rat: Das gleiche Rähmchenmaß verwenden, wie der Imker, von dem die Bienen stammen und mit dem in der Zukunft zusammengearbeitet werden soll!

Rähmchen mit sog. "Hoffmann-Seitenteilen" sind unbedingt gegenüber... Abb.: www.bienen-ruck.de

...solchen mit glatten Seitenteilen zu bevorzugen. Abb.: www.bienen-ruck.de

4.1 Bienenwohnungen

Eine Vertrauensfrage: Der Kauf von Mittelwänden

Die moderne Bienenhaltung (seit der 2. Hälfte des 19.Jahrhunderts) beruht darauf, dass die Bienen ihre Waben nicht fest in einem Korb o.ä. einbauen, sondern dass jede Wabe von einem kleinen Holzrähmchen gehalten wird und somit vom Imker einzeln entnommen werden kann (Mobilbau). Damit die Bienen allerdings die Rähmchen auch regelmäßig ausbauen, brauchen sie noch eine zweite Hilfe: Jedes Rähmchen wird mit einer sog. Mittelwand aus Wachs bestückt, einer Wachsplatte, auf der das Muster für die Waben von Zellen von Arbeiterinnenbrut bzw. zur Honigeinlagerung vorgeprägt ist.

Würde man den Bienen diese Hilfestellung nicht geben, könnte es passieren, dass diese z.B. die Baurichtung der Holzrähmchen nicht einhalten und sogenannten "Wirrbau" errichten. Zum anderen würden die Bienen relativ bunt zwischen Zellen für Arbeiterinnenbrut (Durchmesser: ca. 5 mm) und Drohnenbrut (Durchmesser: ca. 7 mm) abwechseln. Es ist nämlich so, dass die Königin jeweils anhand der Größe der Zelle entscheidet, ob diese mit einer befruchteten Eizelle (für eine Arbeiterin) oder einer unbefruchteten Eizelle (für einen Drohn) "bestiftet" wird.

Mittelwände sind somit eine der epochalen Erfindungen, die die moderne Bienenhaltung möglich gemacht haben. Gleichzeitig ist ihr Erwerb eine durchaus problematische Angelegenheit, über die man sich etwas Gedanken machen sollte:

Zunächst muss sichergestellt sein, dass die Mittelwände frei von Krankheitserregern, v.a. der sogenannten "Amerikanischen Faulbrut", aber auch anderer Bienenkrankheiten, sind. Davon darf man in aller Regel ausgehen, eine entsprechende Behandlung ist absoluter Standard. Die so behandelten Mittelwände werden als "garantiert seuchenfrei" beworben.

Wesentlich heikler ist ein anderer Punkt: Wenn zur Bekämpfung der Varroa-Milbe synthetische Pestizide eingesetzt werden, hinterlassen diese Rückstände in den Waben, weil es sich bei allen synthetischen Varroaziden um fettlösliche Substanzen handelt. Diese Rückstände werden durch die Prozesse der Wachsgewinnung und Mittelwandherstellung nicht beseitigt, sondern sammeln sich vielmehr über Jahre, sogar Jahrzehnte im Mittelwandwachs an. Mit entsprechend sensiblen Labormethoden lassen sich in heutigem Mittelwandwachs noch Rückstände von Varroabekämpfungsmitteln der 80er Jahre nachweisen, die längst nicht mehr aktiv verwendet werden und auch ihre Zulassung verloren haben.

Abhilfe schafft nur, das kontaminierte Wachs zu beseitigen; die meisten Imker überschätzen vermeintliche Verdünnungseffekte stark. Zertifiziert pestizidfreies Bienenwachs stammt aus Bienenhaltungen, die ihr altes Wabenwerk konsequent ausgesondert (und nicht wiederverwendet) haben. Sie sind entsprechend teurer als das übrige Mittelwandmaterial.

Für nicht garantiert pestizidfreies Mittelwandwachs muss man mit einer relativ hohen Pestizidbelastung rechnen, da davon auszugehen ist, dass das allermeiste tatsächlich pestizidfreie Wachs aufgrund des dann höheren Erlöses auch als solches vermarktet wird. Dagegen reichern sich die Rückstände im nicht-pestizidfreien Material durch diesen Effekt noch weiter an.

4 Benötigte Ausstattung

Beginnt man mit einer neuen Bienenhaltung, sollte man unbedingt bedenken: Die Verwendung pestizidfreier Mittelwände ist unverzichtbares Kriterium für eine (eventuell später erst ins Auge gefasste) Zertifizierung als Bio-Imkerei. Belastete Mittelwände werden dann schnell zur problematischen Altlast.

Zur Kalkulation der benötigten Menge: Mittelwände werden nach Kilopreis berechnet; man rechnet etwa 80 bis 100gr. pro Mittelwand im Zandermaß, Deutschnormal entsprechend leichter, Dadant schwerer.

Ziel einer jeden Imkerei ist der Aufbau eines geschlossenen Wachskreislaufs, d.h. die benötigten Mittelwände werden aus dem eigenen Wachs hergestellt. In den ersten Jahren einer Imkerei ist dies aber nicht zu erreichen.

4.2 Sonstige Imkerausstattung

Die Anschaffung einiger weiterer Gegenstände erscheint unverzichtbar:

Smoker Bienen reagieren auf Rauch, indem sie sich auf eine evtl. notwendige Räumung ihrer Behausung vorbereiten: Sie füllen ihren Honigmagen mit Honig. Dies beschäftigt sie zunächst eine Weile und hält sie davon ab, aufzufliegen. Außerdem macht sie die aufgenommene Nahrung schwer, träge und quasi sanftmütig. Als Brennmaterial eignen sich (unbedruckte!) Pappe, trockenes morsches Holz sowie Tannenzapfen. Entscheidendes Qualitätsmerkmal eines guten Smokers ist sein Durchmesser von 10 cm – kleinere Modelle verlöschen zu schnell.

Stockmeißel heißt das klassische Standardwerkzeug der Imker: Eine Art abgeflachter, an einer Seite um 90 Grad abgewinkelter Meißel, mit dem sich die von den Bienen verkitteten Magazin-Zargen von einander lösen lassen. Auch hilfreich, um unregelmäßigen Wachsbau abzukratzen usw. usw.

Stichschutz Bienen können stechen. Besonders Imkeranfänger werden durch dieses Wissen nervöser und gerade Nervosität, Angst und Hektik verleiten die Bienen zum Stechen. Dieser Kreis wird am besten durch die Sicherheit unterbunden, die dem Imker ein verlässlicher Stichschutz v.a. im Gesichtsbereich bietet. Entsprechende Bienenschleier gibt es als bloße Schleier, die über einen Hut o.ä. gezogen werden, oder, m.E. besonders empfehlenswert, als Kombination mit einer Jacke, die durch ihre Gummibändchen an den Ärmeln und der Taille die Bienen verlässlich aussperrt. Gerade irgendwo in Ärmeln oder Hosenbeinen eingeklemmte Bienen stechen. Weniger empfehlenswert finde ich Handschuhe, weil sie feinfühliges Arbeiten sehr erschweren.

Selbstbauprojekt als Winterarbeit: der ideale Imker-Werkzeugkasten
Was braucht der Imker alles am Bienenstand? Außer den genannten Spezialwerkzeugen kommt einiges zusammen, was man bei der Arbeit an den Bienen dabei haben sollte. In meinem Werkzeugkasten befinden sich:

4.2 Sonstige Imkerausstattung

Das Standardwerkzeug für Imker schlechthin: der Stockmeißel. Abb.: www.bienen-ruck.de

Ein alltagstauglicher Smoker hat 10cm Durchmesser. Abb.: www.bienen-ruck.de

- Der Smoker,
- ein großes Einmachglas mit Brennmaterial,
- ein Bunsenbrenner zum Anzünden,
- eine Gaskartusche als Ersatz,
- der Stockmeißel,
- die Bürste zum Abkehren der Bienen,
- eine Rolle Tesa-Krepp,
- der jeweils aktuelle Königinnenzeichenstift,
- ein Königinnen-Abfangclip,
- ein Wasserzerstäuber,
- ein Kugelschreiber,
- eine Klarsichthülle mit mehreren Stockkarten-Vordrucken.

Man kann diese Dinge alle in einem großen Plastikkorb transportieren, man kann sich auf sein Gedächtnis verlassen, oder aber: Man baut gemeinsam mit den Schülern einen idealen Werkzeugkasten, in dem jedes Teil seinen individuellen Platz findet. Man hat immer alles dabei und kann auch beim Verlassen des Standes wesentlich schneller kontrollieren, ob noch etwas fehlt.

4 Benötigte Ausstattung

4.3 Werkzeuge zur Honiggewinnung

Im Gegensatz zu den bisher aufgezählten Werkzeugen sind die Hilfsmittel zur Honigernte nur an sehr wenigen Tagen im Einsatz. Hier bietet sich die Kooperation mit anderen Schulen oder privaten Imkern unbedingt an. Auch manche Ortsvereine des Deutschen Imkerbundes bieten die Ausleihe von Geräten an.

Der Wassergehalt sollte mit dem Refraktometer bestimmt werden. Abb.: www.bienen-ruck.de

Für den Anfang eignet sich besonders eine handbetriebene Vier-Waben-Schleuder. Abb.: www.bienen-ruck.de

Das Entdeckelungsgeschirr hält die Waben, während man sie mit der Entdeckelungsgabel öffnet. Abb.: www.bienen-ruck.de

Refraktometer: Ein wesentliches Qualitätsmerkmal des Honigs ist sein (niedriger) Wassergehalt. Vor der Ernte ist dieser zu prüfen; liegt der Wassergehalt zu hoch, wird die Honigernte verschoben, da die Bienen selbst bestrebt sind, ihren Honig zu trocknen. (Eine nachträgliche technische Trocknung wäre denkbar, ist aber verboten.) Am besten prüft man den Wassergehalt mit einem Refraktometer, einem kleinen optischen Gerät. Andere Verfahren, die in der Literatur beschrieben werden (Spritzprobe etc.), erfordern vom Imker bereits einige Erfahrung und sind deshalb zur Durchführung durch Schüler weniger geeignet.

Entdeckelungsgeschirr: Die Honigwaben werden auf ein Hilfsgestell gelegt, das über einer Wanne mit Siebeinsatz liegt. Die entfernten Wachsdeckel der Honigwaben können so noch abtropfen und kein Honig geht verloren. Zum Entdeckeln selbst ist – v.a. für nicht kommerzielle Schulimkereien – die klassische Entdeckelungsgabel zu empfehlen, da m.E. andere Varianten – Entdeckelungsmesser, Heißluftgebläse – einerseits recht teuer, andererseits nicht ganz ungefährlich sind.

4.3 Werkzeuge zur Honiggewinnung

Kombiniert man ein Entdeckelungsgeschirr für zwei Personen, an dem aber vier Kinder mit vier Entdeckelungsgabeln arbeiten, erreicht man etwa die gleiche Geschwindigkeit bei der Wabenentdeckelung, die eine handbetriebene Vierwabenschleuder bewältigt. So entstehen keine übermäßigen Wartezeiten.

Schleuder: Honigschleudern gibt es für 2 bis über 24 Waben, mit Hand- und Elektroantrieb, ab 250 bis weit über 2500 Euro. Für eine Schulimkerei sind andere Aspekte relevant, als für eine kommerziell orientierte Berufsimkerei: Die Arbeitseffizienz und die Bequemlichkeit spielen eine wesentlich geringere Rolle. Deshalb wird sich eine kleinere, zwei bis vier Waben fassende, Tangentialschleuder (die Wabenseite steht parallel zu Wand der Schleuder) mit Handantrieb empfehlen. Diese kleinen Schleudern haben auch den Vorteil, sich wesentlich leichter transportieren zu lassen als die größeren Modelle – ein wesentlicher Punkt, wenn kein eigener Schleuderraum zur Verfügung steht.

Achtung: Wenn man Honigräume verwendet, die mit einer geraden Zahl von Waben gefüllt werden, sollte man auf keinen Fall eine Dreiwabenschleuder anschaffen, da diese sonst nicht gleichmäßig gefüllt werden kann! Eine oder zwei Waben in einer Dreiwabenschleuder verursachen eine erhebliche Unwucht, während eine Vierwabenschleuder auch mit nur zwei Waben gefüllt werden kann.

Honigsiebe: Um den Honig von kleinen Wachsresten und sonstigen Partikeln zu reinigen, werden Doppelsiebe aus Edelstahl verwendet. Das gröbere Sieb (mit ca. 1,5mm Lochgröße) filtert größere Partikel, so dass das feinere Sieb (ca. 0,5mm) nicht so schnell verstopft wird.

Honigeimer: Auch wenn der Honig nicht längere Zeit zwischengelagert werden soll, empfiehlt sich doch, ihn nicht direkt von der Schleuder in die Gläser zu füllen: Nach dem Sieben sollte dem Honig noch etwas Zeit gegeben werden, dass alle kleinen Luftblasen, die in den Honig durch das Schleudern und Sieben eingetragen wurden, aufsteigen können. Empfehlenswert sind preiswerte Honigeimer aus lebensmittelechtem Kunststoff. (Die Essiggurkeneimer aus der Schulkantine sind ungeeignet – Honig nimmt *sehr* gerne Fremdgeschmack an.)

4 Benötigte Ausstattung

5 Themen im Jahreslauf

Die folgende Übersicht vermittelt einen Überblick über die Arbeiten, die in einer Imkerei im Jahreslauf anstehen. Das Hauptaugenmerk ist auf den schulischen Zusammenhang gerichtet: Wie passen die imkerlichen Arbeiten mit dem Schuljahr zusammen, so dass die Bienen-AG einerseits immer zu tun hat, andererseits aber z.B. Ferien auch freibleiben können.

Die geschilderte Arbeitsweise geht davon aus, dass klassische Magazinbeuten – im Falle unserer eigenen Schulimkerei Hohenheimer Einfachbeuten nach Dr. G. Liebig – verwendet werden. Damit dürfte den meisten Imkern gedient sein. Es ist im Rahmen dieser Darstellung nicht möglich, auf alle Abweichungen einzugehen, die sich etwa ergeben, wenn man statt dessen mit Golzbeuten oder dem Dadant-System imkert. Das ist indessen auch nicht nötig: Wer das Grundprinzip verstanden und etwas imkerliche Fingerfertigkeit erworben hat, kann das hier Gesagte leicht auf andere Beutensysteme übertragen. Ohnehin ist das Studium weiterer imkerlicher Fachliteratur sowie der Besuch eines Imkerkurses bzw. das Lernen von einem persönlichen "Imker-Paten" dringend notwendig.

Entscheidene Vorüberlegung für die folgenden Ausführungen war noch etwas anderes: Es werden nur Methoden und Arbeitsweisen vorgeschlagen, die sich mit – und von – Schülern realistisch durchführen lassen.

5.1 Eine Bienen-AG hat immer zu tun: Schuljahr und Bienenjahr – eine Übersicht

Zu Beginn der Sommerferien (Mitte Juli) ist die Honigernte abgeschlossen. In die Honigräume wird jetzt jeweils ein Verdunster für 60-prozentige Ameisensäure eingesetzt, um die während des Frühlings und Frühsommers stark gewachsene Anzahl der Varroa-Milben zu dezimieren. Etwas später, wenn die Ameisensäure verdunstet ist und auf den Beutenwindeln tote Milben einen Behandlungserfolg anzeigen, werden die Bienenvölker für den Winter eingefüttert. Jedes Volk erhält 10 bis 20 Liter Flüssigfutter, deren Abnahme und Einlagerung einige Wochen in Anspruch nimmt. Jetzt, am besten noch in der zweiten Augusthälfte, erfolgt eine zweite Behandlung mit einer höheren Dosis Ameisensäure, deren Verdunstung idealer Weise einen ganzen Brutzyklus in Anspruch nimmt, so dass die Bienen mit einer möglichst geringen Menge an Varroamilben in die Überwinterung gehen.

Das Brutnest wird um diese Zeit deutlich kleiner; bei den jetzt schlüpfenden Bienen handelt es sich um die sog. Winterbienen, die eine wesentlich höhere Lebenserwartung haben, als ihre im Frühling geschlüpften Schwestern: Sie leben

5 Themen im Jahreslauf

Aktivitäten einer Bienen-AG während des Schuljahres

Zeitraum	Praxis	Theorie
Sommerferien		
	Varroa-Diagnostik	Biologie der Biene
	Füttern	Rolle der Biene im Ökosystem
	Einwintern	verschiedene Bienenprodukte
Herbstferien		
	Varroa-Diagnostik	Varroa-Milbe
	Etiketten-Design etc.	Kulturgeschichte der Biene
	Stand am Adventsbasar	
Weihnachtsferien		
	Beutenbau	Haltungsformen und
	Völker auswintern	Beutenarten
	Völker erweitern	
Osterferien		
	Schwarmbehandlung	Rund um den Schwarm
	Ablegerbildung	Bienenweide
	Honigernte	
Sommerferien		

zum guten Teil bis in den kommenden April hinein. Nach Abschluss der zweiten Ameisensäurebehandlung werden die Honigräume (das heißt in der Regel die "dritte Etage" der Magazinbeuten) abgenommen und eingelagert.

Die Schüler, die nach den Sommerferien zur Bienen-AG hinzugekommen sind, erleben also zunächst Bienenvölker im Niedergang, als Tiere, die man füttern und medizinisch versorgen muss. Praktische Arbeiten sind evtl. noch die Einfütterung, eher die Wegnahme der Honigräume sowie die Kontrolle des Milbenfalls über die Gemüllwindel. Folglich sollte mit den Schülern zunächst einiges zur Biologie der Biene besprochen werden: Ihr Leben als staatenbildendes Insekt, das nur innerhalb des Volksverbandes in der Lage ist, den Winter zu überstehen. Ein erster intensiverer Kontakt bietet sich bei der anstehenden Herbstnachschau der Völker, die nach Abschluss der Ameisensäurebehandlung durchgeführt werden sollte: Enthalten die Bienenstöcke genügend Futter, sind die Völker weiselrichtig? Gibt es eventuell zu schwache Völker, die aufgelöst und mit anderen fusioniert werden sollten?

Nun folgen lange Monate, in denen es bei den Bienen wenig zu tun gibt. Die Arbeit am Stand beschränkt sich auf eine kurze Kontrolle, ob vielleicht durch Stürme oder Wildtiere Schäden aufgetreten sind, die behoben werden müssen. Ansonsten ist das Einhalten der Winterruhe für die Bienen das oberste Gebot.

Die menschlichen Mitglieder der Imkerei sind indessen keineswegs zur Untätigkeit verdammt. Jetzt ist die Zeit, in der z.B. Bienenkästen gebaut werden können. Je nach Situation muss man entscheiden, ob dies in Frage kommt, oder nicht. Es gibt inzwischen gut ausgereifte Bausätze, die lediglich noch nach Plan verschraubt

5.1 Eine Bienen-AG hat immer zu tun: Schuljahr und Bienenjahr – eine Übersicht

werden müssen. Dadurch fallen praktisch alle potentiell gefährlichen Säge- und Bohrarbeiten weg.

Außerdem ist die Vorweihnachtsszeit die klassische Hauptvermarktungszeit für Bienenprodukte wie Honig und Bienenwachskerzen. Die Vorbereitung eines ansprechenden Marktstandes (z.B. auf einem schulischen Adventsbasar) umfasst auch die Herstellung weiterer Produkte: Kerzenziehen (wohl zu Anfang aus zugekauftem Bienenwachs) oder die Herstellung von Wildbienennisthilfen oder Teelichthaltern aus Astholz.

Indes ist eine imkerliche Tätigkeit im Dezember unverzichtbar: Wenn die Bienen ihr Brutgeschäft eingestellt haben und dicht geballt in der "Wintertraube" sitzen, ist der Zeitpunkt, mittels Oxalsäure, die auf die Bienentraube aufgeträufelt wird, die Varroamilbe zu behandeln. Ziel dieser Behandlung ist es, dass die Bienen mit einem möglichst niedrigen "Restbestand" an Milben in die neue Saison starten können.

Gibt es im Januar oder Februar einzelne warme Tage, kann man – ohne die Bienen zu stören! – beobachten, wie Bienen das Flugloch verlassen, um ihre Kotblase zu entleeren ("Reinigunsausflug"). Vielleicht sieht man auch erste Bienen mit gelben "Pollenhöschen" zurückkehren, die sie zu dieser Zeit von Haselnusssträuchern und Misteln eintragen können.

Richtig los geht es an den Bienen im April: Bei der ersten ausführlicheren Frühjahrsdurchsicht wird kontrolliert, ob alle Völker den Winter überstanden haben und ob sie "weiselrichtig" sind, d.h. ob sie eine Königin haben, die auch befruchtete Arbeiterinnen-Eier legt. Dies ist am Vorhandensein von verdeckelter Arbeiterinnenbrut erkennbar.

Meist zur Zeit der Kirschblüte gibt man den Bienen eine zweite Brutraumzarge, wenn sie nicht sowieso auf zwei Zargen überwintert wurden (was der Autor dieser Anleitung eindeutig empfiehlt). Etwa zwei Wochen später, oder auch (bei zweiräumiger Überwinterung) gegen Ende der Kirschblüte, bekommen die Bienen die Honigräume.

In regelmäßigen Abständen (am besten wöchentlich, längstens alle neun Tage) müssen die Völker jetzt aufgesucht werden, um zu kontrollieren, ob eines der Völker in Schwarmstimmung gerät. Eine Schulimkerei tut gut daran, das Abschwärmen ihrer Bienenvölker möglichst zu vermeiden. Neben diesen Kontrollen und den eventuell zur Schwarmbegrenzung eingeleiteten Maßnahmen steht die mehrmalige Entnahme von Drohnenbrut aus den Völkern an. Diese Methode dient dazu, die Belastung der Bienen durch die während des Sommerhalbjahres permanent wachsenden Varroa-Population einzudämmen.

Sobald der überwiegende Großteil der Honigraumwaben gefüllt und verdeckelt ist, kann der Honig geerntet werden. Die Bienen erhalten die ausgeschleuderten Waben – je nach Trachtsituation bzw. jahreszeitlicher Entwicklung – entweder sofort zur "Wiederbefüllung", zurück, oder diese werden zur Erneuerung des Wabenbaues verwendet. Die dafür entnommenen Altwaben werden eingeschmolzen; das so gewonnene Wachs ist garantiert ohne Rückstände von Varroabehandlungsmitteln und zum Verbrennen in Kerzenform viel zu schade.

Die Bienen erhalten jetzt die wichtigste Behandlung gegen die Varroamilbe, indem in den Bienenstöcken Ameisensäure verdunstet wird. Die Einfütterung mit Flüssigfutter leitet für sie die Wintervorbereitung ein, während die Menschen den Sommer genießen. Ein Bienenjahr ist zu Ende gegangen.

In den folgenden Abschnitten werden die einzelnen Arbeiten des Jahreslaufs etwas ausführlicher vorgestellt. Dies kann nicht das praktische Lernen von einem Imker oder im Rahmen eines Kurses ersetzen.

5.2 Erneuerung des Wabenbaus

Es ist aus mehreren Gründen nötig, dafür zu sorgen, dass das von den Bienen errichtete Wabenwerk in regelmäßigen Abständen erneuert wird: Jede Bienenmade häutet sich während ihrer Entwicklung mehrmals; die abgestreiften Nymphenhäutchen bleiben in der Zelle zurück. Dadurch färben sich bebrütete Waben mit jedem Benutzungszyklus immer dunkler. Gleichzeitig wird der verbleibende Hohlraum im Innern der Zellen immer kleiner – somit werden auch die Bienen, die daraus entschlüpfen können, immer kleiner. Außerdem bleiben in den Brutzellen die Kotrückstände der Maden zurück. So können alte Waben auch Krankheitserreger in immer höherer Menge ansammeln, die die Gesundheit des Bienenvolkes gefährden. Deshalb sollten die Waben nach spätestens ca. zwei Jahren aus dem Volk genommen werden. Auf diese Weise fällt Bienenwachs an, das – eine entsprechende ökologische Arbeitsweise unter Verzicht auf synthetische Pestizide natürlich vorausgesetzt – keine Gift-Rückstände enthält und deshalb zur Herstellung neuer Mittelwände verwendet werden kann.

Wenn man Magazinbeuten einsetzt, empfiehlt sich ein zargenweises Vorgehen bei der Erneuerung des Wabenbaues im Hochsommer: Das Brutnest der Bienen hat sich zu diesem Zeitpunkt bereits verkleinert, meistens ist die untere Brutraumzarge praktisch leer. Gleichzeitig stehen jetzt die ausgeschleuderten Honigwaben zur Verfügung, die noch Restmengen an Honig enthalten (der so den Bienen noch zugute kommt). Diese waren ja noch nie bebrütet und sind deshalb unter den oben genannten Aspekten "neuwertig".

Gleichzeitig sorgt dieses Vorgehen dafür, dass der Honigraum immer mit neuen Mittelwänden versehen wird, was sich auf die Hygiene des Honigs positiv auswirkt.

Voraussetzung für das hier vorgeschlagene Vorgehen ist die Überwinterung der Bienenvölker auf zwei Zargen, die nach meiner Meinung – bei entsprechend starken Völkern – nur Vorteile hat.

Nach der (letzten) Honigernte (und vor der Varroa-Behandlung mit Ameisensäure) – im Idealfall um den 15. Juli – wird der Wabenbau zargenweise erneuert. Dabei geht man in folgenden Schritten vor:

5.2 Erneuerung des Wabenbaus

Vorgehen zur zargenweisen Wabenerneuerung im Sommer (Hohenheimer Einfachbeute):

1. Den bisherigen Honigraum mit den ausgeschleuderten Waben füllen und bereitstellen.

2. Volk öffnen, bisherigen Honigraum *ohne Absperrgitter* aufsetzen.

3. **Zwei Wochen warten,** in denen die Bienen den unteren Brutraum verlassen und ihren Sitz nach oben verlagern werden.

4. Volk öffnen; die oberen beiden Bruträume auf dem umgekippten Blechdeckel beiseite stellen.

5. Unteren Brutraum vom Boden trennen und beiseitestellen.

6. Den Hochboden ggf. etwas reinigen oder ersetzen.

7. Die beiden verbleibenden Bruträume wieder aufsetzen.

8. Die Bienen, die noch auf den Waben des alten, beiseitegestellten, Brutraumes sitzen, in die Beute einfegen.

9. Folie auflegen, Volk schließen.

10. Altwaben wegen der Bedrohung durch Wachsmotten möglichst bald einschmelzen.

Alternativ – etwa um die ca. zweiwöchige Wartezeit zu umgehen, weil rasch mit der Varroa-Behandlung begonnen werden soll – kann man auch den unteren Brutraum direkt beiseitestellen, kontrollieren, ob dieser überhaupt noch Brut enthält, die beiden übrigen Zargen wie beschrieben aufsetzen, ggf. gut bebrütete Waben nach oben hängen und die ansitzenden Bienen in die Beute fegen.

Wenn man über genügend Zargen verfügt, kann man natürlich auch während der Wartezeit (Schritt 3) eine vierte Zarge mit einer Fütterungsvorrichtung aufsetzen und diese Zeit zur Einfütterung benutzen.

Jetzt sollte gleich mit der Sommerbehandlung gegen die Varroamilbe begonnen werden. Die freigewordene dritte Zarge nimmt dann zunächst den Ameisensäureverdunster auf, dann den Eimer mit Flüssigfutter für die Wintereinfütterung, dann noch einmal den Ameisensäureverdunster und wird dann eingelagert.

Durch diese Arbeitsweise benötigt man pro Wirtschaftsvolk bei Verwendung von Magazinbeuten im Zander- und Deutsch-Normal-Maß drei Zargen, ggf. vier (bei gleichzeitiger Einfütterung).

Wabenerneuerung bei anderen Beutenformen

Diese vorgestellte Methode der Bauerneuerung funktioniert bei der Hohenheimer Einfachbeute (und anderen Magazinbeuten im Zander- und Deutsch-Normal-Maß) – aber weder bei Dadant-Beute (wegen des unterschiedlichen Rähmchenmaßes in

5 Themen im Jahreslauf

Zum Einschmelzen der Altwaben kann man einen Sonnenwachsschmelzer ...
Abb.: www.bienen-ruck.de

...oder einen Dampfwachsschmelzer verwenden. Abb.: www.bienen-ruck.de

Brut- und Honigraum), noch bei Golz- oder Mellifera-Einraum-Beuten (wegen der Anordnung der Brutwaben in einer Ebene).

Imkert man mit einem dieser drei Beutensysteme, muss man den Wabenbau erneuern, indem man immer wieder frische Rähmchen im Innern des Brutnestes erneuert, während die bisherigen innersten Waben eine Position nach außen rücken. Die jeweils Äußersten, die in der Regel keine Brut mehr enthalten, werden ausgesondert und eingeschmolzen.

5.3 Dokumentation anlegen, Erfahrungen sammeln: die Stockkarte

Nicht zuletzt sind mit der Bienenhaltung in der Schule sehr grundsätzlich-allgemeine kognitive Ziele verbunden: Bienenhaltung trainiert das Erkennen von Ursache-Wirkungs-Zusammenhängen und führt die Schüler – im Sinne des klassischen Dreischritts Sehen-Urteilen-Handeln – zur Entwicklung reflektierter Handlungssteuerung.

Um dieses Ziel zu erreichen, muss gezielt geübt werden, gemachte Beobachtungen exakt zu fassen und aufgrund dieser weitere Maßnahmen zu begründen. Ihr Erfolg muss wiederum überprüft und zur Grundlage weiterer Folgeentscheidungen gemacht

5.3 Dokumentation anlegen, Erfahrungen sammeln: die Stockkarte

werden. Um solche Operationen zu trainieren, sind komplizierte Planspiele entwickelt worden – hält man mit seinen Schülern Bienen und beteiligt sie konsequent an den Entscheidungsprozessen, hat man simulierte Planspiele nicht nötig, sondern arbeitet in der Realität.

Das wichtigste konkrete Hilfsmittel sind systematisch geführte Beobachtungsbögen für jedes Volk – das macht übrigens auch jeder nicht-schulische Imker so, denn ab einer gewissen Zahl von Bienenvölkern ist das menschliche Gedächtnis allein keine zuverlässige Entscheidungshilfe mehr.

Diese sog. Stockkarten (s. Textvorlage) werden am besten in einer Klarsichthülle zwischen Innen- und Blechdeckel der Beuten aufbewahrt und unmittelbar bei jeder Arbeit an den Völkern konsultiert bzw. geführt. Vor jedem Eingriff am Volk wird anhand der Aufzeichnungen besprochen, in welcher Situation das Volk ist, welche Erwartungen wir haben und was wir zu welchem Zweck tun werden.

Verpflichtend (Bienenseuchenverordnung) ist übrigens die schriftliche Dokumentation von Medikamentengaben an die Bienen – das betrifft v.a. die Anwendung von Varroabekämpfungsmitteln.

Textvorlage: **Formular für eine Stockkarte**

Stockkarte   Volk Nr. _____   Seite: _____

Betreuer: _____

Abkürzungen benutzen!	Kg = Königin	W = Wabe
	WZ = Weiselzellen	DW = Drohnenbrut(-Rahmen)
	BR = Brutraum	FW = Futterwabe
	HR = Honigraum	BW = Brutwabe
	FF = Flüssigfutter	+ = gegeben
	FT = Futterteig	− = entnommen

Datum	Beobachtungen: Königin? offene Brut? verdeckelte Brut? besondere Auffälligkeiten?	Maßnahmen: Was ist gemacht worden?
...	...	...

5.4 Bekämpfung der Varroa-Milbe

> Biene und Schaf
> ernähren den Bauern im Schlaf.
>
> *(Sprichwort)*

Spätestens seit der 1980er Jahren stimmt diese volkstümliche Weisheit nur noch bedingt: Zwar ist es immer noch so, dass der Betreuungsaufwand, den Bienen erfordern, mit demjenigen keines anderen Nutztieres zu vergleichen ist. Doch eine grundlegende Tatsache unterscheidet die heutige Imkerei von derjenigen der Jahrhunderte davor: Ohne permanente Behandlung unserer Bienenvölker gegen die Varroa-Milbe gehen diese spätestens nach ein bis zwei Jahren ein. Bienen sind zum Dauerpatienten ihrer Imker geworden.

Zur Varroa-Milbe
Die Varroa-Milbe (lateinische Bezeichnung: *varroa destructor*, früher nach ihrem Entdecker als *varroa jacobsonii* bezeichnet) wurde in den 70er Jahren aus dem asiatischen Raum eingeschleppt, als man zu Zuchtversuchen Bienenvölker nach Deutschland einführte.

Es handelt sich um ein ca. 1 mm großes Spinnentier, das das Blut der Bienen (die Hämolymphe) saugt, dadurch die Bienen schwächt und zahlreiche Krankheitserreger übertragen kann. Um die Größe der Milben richtig einschätzen zu können: Übertragen auf die Größe eines Menschen entspräche das etwa einem Parasiten von der Größe eines Kaninchens. Bei den in den letzten Jahren beobachteten Massen-Bienen-Sterben kommt der Varroa-Milbe eine Schlüsselrolle zu.

Einige Aspekte der Biologie der Varroa-Milbe sind für den Bienenhalter wichtig, um ein sinnvolles Konzept zu ihrer Bekämpfung durchführen zu können: Die Vermehrung der Milben erfolgt ausschließlich in der verdeckelten Bienenbrut. Das Wachstum der Milben-Population in einem Bienenstock erfolgt exponentiell. Die Zahl der Milben wird zum großen Problem, wenn im Spätsommer und Herbst die Volksstärke der Bienen zurückgeht, während die Populationsstärke der Milben immer weiter wächst. Das Verhältnis Milbenzahl pro Biene wird dann für die Bienen dramatisch ungünstiger. Zugleich werden an die im Herbst schlüpfenden Bienen wesentlich höhere Anforderungen gestellt, als an ihre etwa im Frühling geschlüpften Schwestern: Es handelt sich nun um die sog. "Winterbienen", deren Lebensdauer wesentlich länger ist; sie müssen die anstrengende Überwinterung bewältigen und im Frühjahr den Volksaufbau tragen.

Wenn diese Winterbienen mit einer extremen Zahl an Varroa-Milben konfrontiert werden, kommt es zum Zusammenbruch des Bienenvolkes.

Was kann der Imker tun? – Bekämpfungsmöglichkeiten
In den ersten Jahren nach Auftauchen der Varroamilben in Deutschland war es das offizielle Ziel der Veterinärämter und der von ihnen propagierten Varroabehandlung, die neueingeschleppte Milbe vollständig wieder auszurotten. Dieses Ziel ist nicht erreicht worden und inzwischen aufgegeben. Statt dessen geht es bei heutigen

5.4 Bekämpfung der Varroa-Milbe

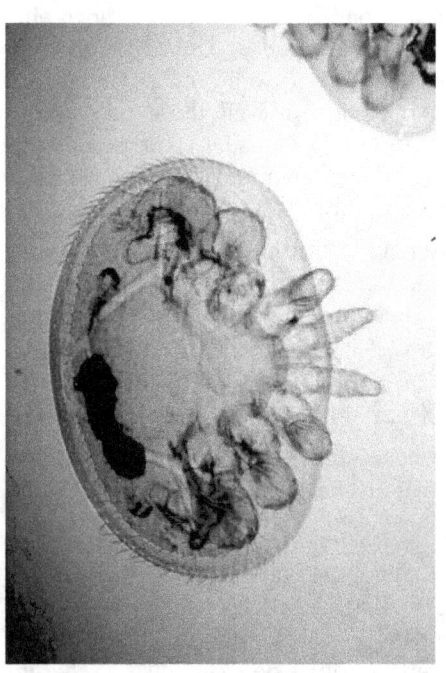

Die Milbe *varroa destructor* unter dem Lichtmikroskop Abb.: thm

Varroamilbe auf Arbeiterin Abb.: thm

Varroa-Bekämpfungskonzepten nur noch darum, ein für die Bienen erträgliches "Fließgleichgewicht" zwischen Bienen- und Milbenpopulationen zu erhalten. Man spricht von einer "Schadschwelle", unterhalb derer der Milbenbestand in einem Volk gehalten werden muss.

Es gibt grundsätzlich drei Kategorien von Maßnahmen, dieses Ziel zu erreichen:

„biotechnische Maßnahmen": Varroa-Milben vermehren sich überdurchschnittlich stark in Brutzellen von Drohnen. Dies scheint mit der längeren Entwicklungsperiode der Drohnenbrut im Unterschied zu Arbeiterinnenbrut zusammenzuhängen. Durch das gezielte Ausschneiden von verdeckelter Drohnenbrut, die die Bienen während der Zeit der aufsteigenden Volksentwicklung im Frühling in speziell dafür gegebenen Rähmchen anlegen, kann man die Populationsentwicklung der Milben nachhaltig bremsen. Dabei gibt es zwei Probleme, die den Wert der Maßnahme begrenzen: Drohnenbrutentnahme klappt naturgemäß nicht ganzjährig, sondern nur in der Jahreszeit, in der die Völker viel Drohnenbrut anlegen; außerdem trifft sie grundsätzlich nie alle Milben eines Bienenstockes, sondern nur einen gewissen Anteil der Population.

„harte Chemie": In der Vergangenheit wurden mehrere systemische Pestizide zur Bekämpfung der Varroa entwickelt; zwei Präparate spielen derzeit noch eine Rolle und sind tierarzneimittelrechtlich zugelassen (die Produkte Perizin und Bayvarol der Fa. Bayer). Beide sind bei richtiger Anwendung hochwirksam gegen die Milben und unschädlich für die Bienen, weil ihr synthetischer Wirkstoff nur die Milben schädigt, nicht andere Organismen. Ihr besonderer Vorzug liegt in der sehr einfachen Anwendung. Dennoch rate ich von der Verwendung aus mehreren Gründen dringend ab:

- In den letzten Jahren kam es wiederholt zur Ausbildung von Resistenzen der Varroa gegen synthetische Behandlungsmittel; auf diese Weise sind einige der früher verwendeten Varroazide bereits wirkungslos geworden.
- Die synthetischen Wirkstoffe sind fettlösliche Moleküle, die Rückstände im Wachs hinterlassen und bei entsprechender Konzentration im Wabenwerk auch im Honig nachweisbar sind.

Durch ein – im folgenden ausführlich vorgestelltes – integriertes Varroabekämpfungskonzept lässt sich auf synthetische Medikamente vollständig verzichten.

„weiche Chemie": Es hat sich herausgestellt, dass die Varroa gegen bestimmte organische Säuren wesentlich empfindlicher reagiert als Bienen. Werden diese Stoffe in der richtigen Dosierung in den Bienenstock eingebracht, kann die Varroapopulation wirksam dezimiert werden, ohne den Bienen zu schaden. Allerdings sind diese Wirkstoffe naturgemäß nicht so unkompliziert in der Anwendung und Dosierung wie synthetische Wirkstoffe: Ist die Dosis zu gering, werden die Milben nicht (genug) geschädigt, ist sie zu hoch, trifft es auch die Bienen. Dennoch sind die organischen Säuren in der modernen, naturnahen Imkerei das Rückgrat der Varroabehandlung: Die Behandlung mit Säuren hinterlässt in Wachs und Honig keine Rückstände, weil die Säuren wasserlöslich sind und deshalb einfach "verfliegen"; ihre Anwendung ist auch in der zertifizierten Bio-Imkerei zulässig. Ein Problem besteht allerdings auch bei ihnen: Nach der Behandlung geernteter Honig nimmt deutlich den Geschmack der Säure an. Deshalb kann man organische Säuren erst nach der (letzten) Honigernte des Jahres anwenden. Zwei verschiedene Säuren kommen hauptsächlich zur Anwendung:

- Die Verdunstung von Ameisensäure während des Sommers tötet die Milben auch innerhalb der verdeckelten Brutzellen.
- Oxalsäure wird auf die Wintertraube aufgeträufelt und tötet die auf den Bienen sitzenden Milben.

Ein modernes Varroa-Bekämpfungskonzept setzt auf die Kombination der biotechnischen Maßnahme des Drohnenbrutausschneidens und die Verwendung von Ameisen- und Oxalsäure – jede Maßnahme dann, wenn sie aufgrund der jahreszeitlichen Situation die optimale Wirksamkeit verspricht. Ein solches Konzept ist

5.4 Bekämpfung der Varroa-Milbe

Übersicht über die jahreszeitlichen Varroa-Bekämpfungsmaßnahmen

Zeitpunkt	Maßnahmen
Frühling	mehrmalige Entfernung von Drohnenbrut aus dem Baurahmen
	Honigernte(n)
Spätsommer	1. Behandlung mit Ameisensäure
	Auffütterung für den Winter
	2. Behandlung mit Ameisensäure
Winter	Behandlung mit Oxalsäure

auch für Schulimkereien gut durchführbar, denn gerade im Schulkontext scheint mir der Verzicht auf synthetische Medikamente im Sinne der Vermittlung einer "best practice" geboten.

Übrigens sind bezüglich der Varroa die Dinge durchaus im Fluss. Neue Methoden (vollständige Brutdistanzierung) und Wirkstoffe (Präparate mit Thymol und anderen ätherischen Ölen) werden erprobt und kontrovers diskutiert. Der verantwortliche Imker muss auch nach seiner "Lehrzeit" die Augen offen halten und bereit sein, Neues zu lernen. Die Bereitschaft zu ständigem Dazulernen und Umdenken ist nicht die letzte Tugend, die man in einer Schulbienenhaltung lernen kann!

Ein für Schulen akzeptables Konzept

Im folgenden geht es mir darum, ein praktikables Konzept vorzustellen, das sich mit vertretbarem Aufwand umsetzen lässt, leicht zu erlernen ist – und dennoch ohne synthetische Pestizide auskommt. Seine Grundidee ist die Kombination von mehrmaliger Entfernung der Drohnenbrut (womit auch eine Reduzierung des Schwarmtriebes erreicht wird) und der Einsatz von organischen Säuren nach der letzten Honigernte des Jahres: Direkt nach der Honigernte und der partiellen Wabenbauerneuerung erhalten die Völker in ihrem bisherigen Honigraum einen Langzeitverdunster für 60-prozentige Ameisensäure, danach wird die für den Winter benötigte Futtermenge gegeben – der Flüssigfuttereimer steht ebenfalls im ehemaligen Honigraum. Danach folgt noch einmal der Ameisensäureverdunster, um zu gewährleisten, dass die Bienen mit möglichst geringer Restmilbenpopulation in den Winter gehen. Jetzt werden die Honigräume abgenommen und bis zum nächsten Frühling eingelagert. Diese Integration der Ameisensäureapplikation in die Abläufe der Honigernte und Wintervorbereitung bereitet sehr wenig Aufwand bei sehr gutem Behandlungserfolg. Im Winter, wenn das Volk in der Wintertraube sitzt und keine Brut vorhanden ist, folgt die Träufelbehandlung mit 3,5-prozentiger Oxalsäure zur sog. "Restentmilbung".

Die tabellarische Übersicht verdeutlicht nochmals den Zusammenhang der Einzelmaßnahmen.

Das wichtigste Diagnoseinstrument: die sog. "Stockwindel"

Einen guten Überblick über den Befallsgrad mit Varroamilben bietet die regelmäßige Auswertung der sog. Stockwindeln. Die Ergebnisse dieser Gemülldiagnose sollten auch auf den Stockkarten dokumentiert werden.

5 Themen im Jahreslauf

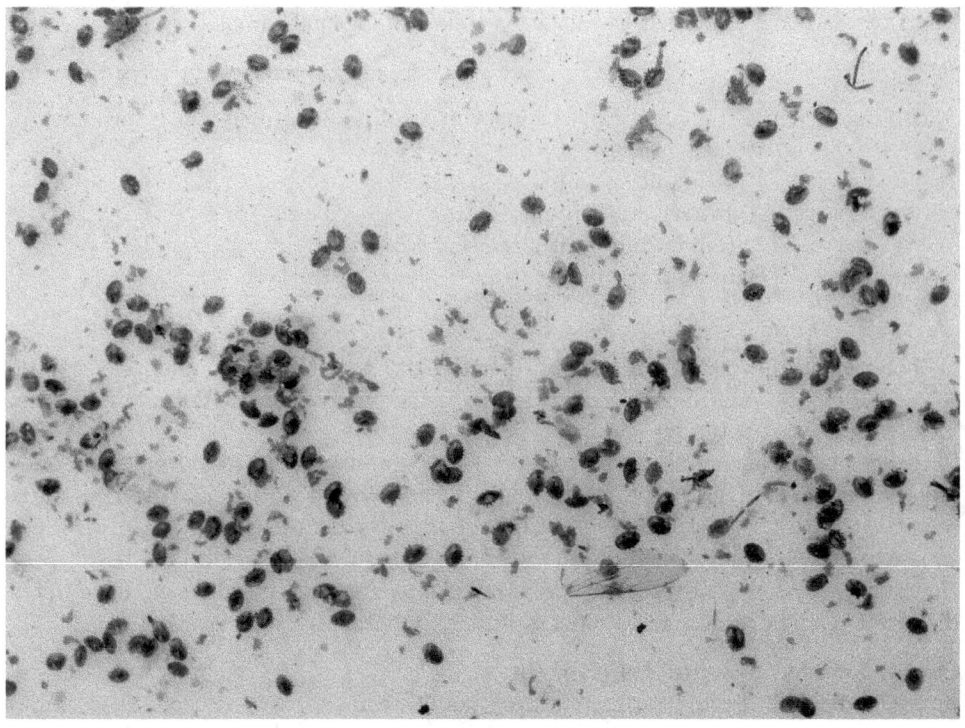

Tote Varroa-Milben im Gemüll. Das Auszählen erlaubt wichtige Rückschlüsse auf die Milbenzahl im Bienenvolk – allerdings muss man die Zahl im Jahreslauf sehr verschieden gewichten! Liegen die Milben so dicht wie hier, ist es auf jeden Fall höchste Zeit... Abb.: thm

Die Stockwindel bleibt für ca. eine Woche eingeschoben, danach wird sie ausgewertet. Zunächst sollte man kontrollieren, ob sich im Gemüll einzelne Pollenhöschen finden, die die Pollensammlerinnen bei der Einlagerung verloren haben. Finden sich im Gemüll keine Pollen, so ist dies ein Indiz, dass Ameisen und andere kleine Räuber das Gemüll als Nahrungsquelle benutzt haben; es ist dann damit zu rechnen, dass auf diese Weise auch Varroamilben verloren gegangen sind. Finden sich dagegen Pollenhöschen, kann davon ausgegangen werden, dass auch die Milben vollständig vorhanden sind, denn die eiweißreichen Pollen sind als Beutegut wesentlich attraktiver als die toten Milben. Diese Probe klappt natürlich nur dann, wenn die Bienen auch Pollen eintragen, also nicht bei der Kontrolle im Dezember im Rahmen der Winterbehandlung. Andereseits ist dann auch nicht mit dem Auftreten von Ameisen und anderen Insekten zu rechnen.

Bei sehr hohen Befallswerten kann es nötig sein, eventuell auf eine weitere Honigernte zu verzichten und sofort die Ameisensäurebehandlung einzuleiten. Hinsichtlich der Oxalsäureanwendung im Winter geht der Trend eindeutig dahin, zu empfehlen,

5.4 Bekämpfung der Varroa-Milbe

Grenzwerte des natürlichen Milbenfalls zu verschiedenen Zeitpunkten im Bienenjahr

Zeitpunkt	oberer Grenzwert
vor Beginn der Sommerbehandlung	10 Milben pro Tag
im Dezember, bei Brutfreiheit	0,5 Milben pro Tag

diese auf jeden Fall, auch bei einem natürlichen Milbentotfall von weniger als durchschnittlich 0,5 Milben pro Tag, durchzuführen.

Methode: Entnahme der Drohnenbrut

Normalerweise gibt der Imker durch die vorgefertigten Mittelwände die Größe der anzulegenden Zellen so vor, dass die Bienen nur Arbeiterinnenbrutzellen aufbauen, die von der Königin mit befruchteten Eiern bestiftet werden, aus denen folglich Arbeiterinnen heranwachsen. Im Frühling hat jedes Bienenvolk das Bestreben, auch männliche Geschlechtstiere, Drohnen, heranzuziehen. Einzelne Drohnenzellen werden deshalb im Randbereich der Waben angelegt, doch reicht dies nicht aus, um den Bedarf des Bienenvolks an Drohnen zu decken.

Varroamilbe unter dem Raster-Elektronenmikroskop Abb.: wikipedia

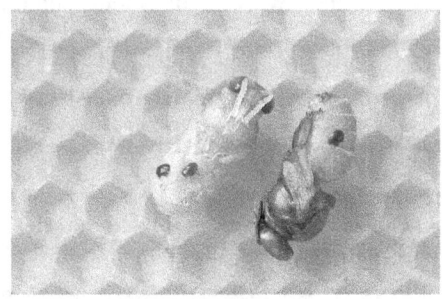
Varroamilbe auf Drohnenlarven Abb.: wikipedia

Gibt man deshalb etwa zwischen April und Juni den Bienen statt einer Mittelwand ein leeres Rähmchen an den Rand ihres Brutnestes, wird dieses von den Bienen sehr zügig ausgebaut – und zwar normalerweise ausschließlich mit Drohnenzellen, die die Königin mit unbefruchteten Eiern bestiftet.

Aus letztlich nicht ganz geklärten Gründen – wahrscheinlich wegen der längeren Entwicklungsdauer der Drohnenmaden – werden diese Drohnenzellen von den Varroa-Milben überdurchschnittlich stark parasitiert. Darüber hinaus haben die Varroen, die sich in Drohnenbrutzellen eingenistet haben, länger Zeit zur Reproduktion und vermehren sich deshalb auch stärker als solche in Arbeiterinnenzellen.

Deshalb ist es sehr wichtig, diesen Drohnenbrutrahmen wieder zu entnehmen, sobald die Brutzellen verdeckelt worden sind. Die Drohnenbrut wird aus dem

Rähmchen entfernt – ein leichter Vorgang, da das Drohnenbruträhmchen ja nicht gedrahtet sein muss. Das leere Rähmchen wird den Bienen zurückgegeben, die es wieder ausbauen werden.

Es empfiehlt sich natürlich, die entnommene Drohnenbrut etwas genauer zu untersuchen, um den Befallsgrad abzschätzen. Es ist grundsätzlich kein Grund zur Beunruhigung, wenn man in der Drohnenbrut Varroamilben findet. Besonders die dunkel gefärbten Muttertiere fallen auf den weißen Bienen-Maden gut ins Auge.

Die entnommene Drohnenbrut muss so entsorgt werden, dass sie nicht andere Bienen anlockt – die sonst die beseitigten Varroa-Milben ungewollt wieder zurücktransportieren würden. Besitzt man einen Dampf- oder Sonnenwachsschmelzer, kann man die Waben einschmelzen und erhält so erstklassiges rückstandsfreies Bienenwachs; ansonsten sind die Drohnenmaden als Hühnerfutter geeignet.

Methode: Sommerbehandlung mit Ameisensäure
Durch die mehrmalige Entnahme des Drohnenrähmchens wird die Vermehrung der Varroen wirksam verlangsamt. Allerdings erfolgt keine tatsächliche Senkung der Milbenzahl, da auch in der Arbeiterinnenbrut immer Varroa-Milben vorkommen. Durch Drohnenbrutentnahme allein ließe sich die Milbenbelastung nicht ausreichend senken.

Während der Frühlings- und Sommermonate ist die Zahl der Milben deutlich angestiegen, was sich in einem zunehmenden natürlichen Milbenfall im Gemüll der Stockwindel zeigt. Es kommt jetzt – im Juli/August – darauf an, die Milbenzahl massiv zu senken, damit es den Bienen möglich ist, die Winterbienen unter einer möglichst geringen Varroabelastung aufzuziehen. Bewährt hat sich für diese Sommerbehandlung der Einsatz von Ameisensäure, die in der Beute verdunstet und deren Dämpfe auch in die verdeckelte Brut eindringen und die dort befindlichen Varroamilben töten.

Es gibt verschiedene Methoden der Ameisensäureanwendung, die in der Literatur vorgeschlagen werden; dabei sind nicht alle Methoden tierarzneimittelrechtlich zulässig – dies gilt etwa für den Einsatz von 85-prozentiger Ameisensäure.

Im folgenden wird ein Verfahren vorgestellt, das amtlich zugelassen ist, sich möglichst ungefährlich auch mit Jugendlichen umsetzen lässt und hohe Wirksamkeit zeigt: die zweimalige Verdunstung von 60-prozentiger Ameisensäure *ad usum veterinaris* mit dem sog. Nassenheider-Professional-Verdunster.

Ziel: Die Zahl der Milben soll massiv gedrückt werden, um die Aufzucht gesunder Winterbienen zu ermöglichen.

Zeitpunkt: Nach der letzten Honigernte (Juli/August) in zwei Schritten:
   1. Vor der Einfütterung: kürzere Behandlung mit geringerer Dosis
   2. Nach der Einfütterung: längere Behandlung mit höherer Dosis

Angewendete Produkte: Nassenheider Professional-Verdunster, 60-prozentige Ameisensäure *ad usum veterinaris*

5.4 Bekämpfung der Varroa-Milbe

Der Nassenheider-Professional-Verdunster für 60-prozentige Ameisensäure.
Deutlich erkennt man die beiden Dochte: Einen vertial stehenden L-Förmigen zum Herausziehen der Ameisensäure m.H. des Kapillareffekts und den großen, horizontalen Verdunstungsdocht Abb.: www.bienen-ruck.de

Anwenderschutz: Gummihandschuhe und Bienenschleier

Vorbereitung im Haus:

1. Dosierempfehlung und Gebrauchsanleitung des Verdunsters studieren! Machen Sie sich mit der Zusammensetzung des Verdunsters "blind" vertraut!
   Üben Sie mit Wasser!
   Es sollte später keine Säure in das Volk oder auf Ihre Kleidung geraten.
2. Füllen Sie die Dosierflaschen gemäß Anleitung und verschließen Sie sie sicher.

Durchführung am Stand:

1. Diagnosewindel einschieben.
2. Dosierflaschen öffnen, Verdunster "scharf machen".
3. Erst jetzt das Volk öffnen, Abdeckfolie wegnehmen.
4. Verdunster in bisherigen Honigraum stellen.[1]
5. Volk schließen.
6. Nach einem Tag die Menge der verdunsteten Säure prüfen.

Kontrolle des Behandlungserfolgs: Der Milbenfall lässt sich auf der Diagnosewindel kontrollieren.

---

[1] Dies bezieht sich auf die Arbeit mit Magazinbeuten. Benutzt man Golz-Beuten o.ä., bietet es sich an, einen entsprechenden Aufsatz selbt zu bauen, der den Verdunster aufnehmen kann.

5 Themen im Jahreslauf

Die Verwendung des Nassenheider-Professional-Verdunsters hat u.a. den Vorteil, dass nicht am Stand unnötig mit offener Ameisensäure hantiert werden muss. Vielmehr kann die Dosierflasche in aller Ruhe im Hause befüllt und verschlossen an den Bienenstand transportiert werden.

Ein zweiter Punkt spricht für diesen Verdunstertyp: Es ist von entscheidender Bedeutung, dass die Menge der verdunsteten Säure in etwa konstant bleibt und sich innerhalb von definierten Grenzen hält. Verdunstet die Säure zu schnell, ist die Konzentration in der Stockluft eine Gefahr für die Bienen; verdunstet die Säure zu langsam, werden die Varroa-Milben zu wenig getroffen. Leider ist die Verdunstungsgeschwindigkeit von Ameisensäure sehr stark von der Temperatur abhängig; gerade im Sommer kann die Außentemperatur erheblich schwanken. Die besondere Konstruktion des Nassenheider-Verdunsters versucht, diesen Effekt dadurch zu reduzieren, dass der Austrag der Säure aus der Flasche mit einem separaten Docht erfolgt, für dessen Wirksamkeit in erster Linie der Kapillareffekt entscheidend ist. Die eigentliche Verunstung erfolgt über einen zweiten Docht. Die Verdunstungsgeschwindigkeit lässt sich deutlich erkennen: Ist es trocken-heiß, entsteht in der Verdunstungsschale nur ein sehr kleiner feuchter Fleck – die Säure verdunstet sehr schnell. Bei kühleren Temperaturen und höherer Luftfeuchtigkeit wird der feuchte Fleck wesentlich größer. Die pro Stunde verdunstete Menge Ameisensäure bleibt hingegen annähernd konstant. Dies ist bei anderen in der Literatur und im Internet vorgeschlagenen Verfahren (Verdunstung im Schwammtuch, Liebig-Dispenser) durchaus nicht der Fall.

Methode: Winterbehandlung mit Oxalsäure
Während es bei der Spätsommerbehandlung darum geht, den Befallsdruck in den Bienenvölkern zu senken, geht es im Winter darum, die verbliebenen Milben möglichst vollständig zu eliminieren; man spricht deshalb auch von der "Restentmilbung".

Zur Anwendung kommt 3,5-prozentige Oxalsäurelösung *ad usum veterinaris*; dieser Wirkstoff wirkt nur auf Varroamilben ein, die auf den Bienen sitzen, er erreicht nicht die Milben, die sich in den verdeckelten Brutzellen aufhalten. Deshalb ist es ganz wesentlich für den Behandlungserfolg, dass sich das Bienenvolk in brutfreiem Zustand befindet. Dies ist in der ersten Dezemberhälfte meistens der Fall. In besonders milden Wintern kommt es vor, dass Völker durchgehend brüten. Dann ist die Oxalsäurebehandlung sinnlos.

Wie kann man die Brutfreiheit feststellen? Es gibt Indizien für die Bruttätigkeit: Abgenagte Zelldeckel im Gemüll, Kondenswasser an der Abdeckfolie. Ist man sich unsicher, muss eine mittige Wabe aus der Wintertraube gezogen werden. Zeigt sich Brut, muss die Behandlung verschoben werden. Auf keinen Fall darf ein Volk zweimal mit Oxalsäure behandelt werden!

Ziel: Die Völker sollen mit einer möglichst niedrigen Varroa-Population in das neue Jahr starten.

Zeitpunkt: Dezember, bei Temperaturen um 0 Grad. (Das Volk *muss* brutfrei sein, denn die Oxalsäure wirkt nicht auf Milben, die in verdeckelten Brutzellen sitzen!)

Angewendetes Produkt: 3,5-prozentige Oxalsäure-Lösung *ad usum veterenaris*. (Z.B. "Oxuvar" von Andermatt, Bezug durch Apotheke bzw. Tierarzt)

Anwenderschutz: Gummihandschuhe und Bienenschleier[2]!

Vorbereitung:
1. Lösung anrühren.
2. Spritze (60 ml.) bereitlegen.

Durchführung:
1. Diagnosewindel einschieben.
2. Volk öffnen, Wintertraube suchen und Volksstärke einschätzen.
3. Spritze aufziehen. Dosierung:
   - großes Volk – 50 ml
   - mittleres Volk – 40 ml
   - schwaches Volk – 30 ml
4. Lösung in die Wabengassen möglichst gleichmäßig auf die Bienen träufeln.
5. Volk schließen.

Nachkontrolle: Milbenfall hält mehrere Wochen an – auszählen!

Zur Kontrolle des Behandlungserfolges empfiehlt sich die Kontrolle des Totmilbenfalls in der Diagnosewindel. Es ist interessant, den Milbenfall täglich zu kontrollieren (durch Schüler kontrollieren zu lassen...) und nach Ablauf der dreiwöchigen Beobachtungsfrist auszuwerten (vgl. Textvorlage).

5.5 Fütterung und Wintervorbereitung

Unmittelbar nach der Honigernte und der ersten Ameisensäurebehandlung erfolgt die Wintereinfütterung. Aus zwei Gründen empfiehlt es sich, diese möglichst früh (ab Anfang August) vorzunehmen: Nach Abschluss der Einfütterung herrschen noch optimale Temperaturbedingungen für die zweite Ameisensäurebehandlung und die Arbeit der Futteraufbereitung und -einlagerung wird nicht von den Winterbienen, sondern noch von den Sommerbienen ausgeführt. Dies steigert die Lebenswerwartung der Winterbienen.

Am einfachsten ist die Einfütterung mit Flüssigfutter aus 14kg-Futtereimern. Man kann diese einfach umgestülpt auf die Waben aufsetzen (nachdem man die

---

[2] Normalerweise stechen die Bienen im Winter nicht. Sie suchen höchstens Wärme. Es wäre aber schlecht, wenn man mit Säure an den Handschuhen z.B. in den Augen reibt...

5 Themen im Jahreslauf

Textvorlage: **Kontrollbogen zur Oxalsäurebehandlung**

Kontrollbogen zur Oxalsäuebehandlung von Volk Nr. _____geführt durch: ____
Datum der Behandlung: _____Uhrzeit: _____Temperatur: _____
Dosis: _____3,5-prozentige Oxalsäurelösung

Möglichst täglich:
1. Diagnosewindel ziehen,
2. Milben zählen,
3. Windel reinigen,
4. und wieder einschieben!

Tag	Datum	Milben	Grafische Auswertung nach drei Wochen
1			
2			
3			
4			
5			
6			
7			
8			
9			
10			
11			
12			
13			
14			
15			
16			
17			
18			
19			
20			
21			

Summe der gefallenen Milben:

Verschlussfolie des Deckels abgezogen hat). Ich persönlich bevorzuge es aber, die Deckel ganz zu entfernen und die Eimer "richtig herum" auf die Waben – bzw. die etwas zurückgezogene Abdeckfolie – zu stellen. Dann brauchen die Bienen aber unbedingt eine Schwimmhilfe, da sie sonst in großer Zahl im Futtersaft ertrinken. Es eignen sich Flaschenkorken oder auch einfach ein paar Büschel Gras. Diese Methode hat den Vorteil, dass man die Futterabnahme besser beobachten kann – Schulimkerei ist eben doch immer zu einem guten Teil "Guck-Imkerei". Außerdem wird so weniger Futter verkleckert.

Am Ende der Auffütterung sollte ein zweizargiges Volk über mindestens 20 kg Futtervorrat verfügen. Diese Menge entspricht zehn vollen Waben im Zander-Maß. Man kann das Bienenvolk auch wiegen, indem man es an beiden Seiten der Beute mit einer Federwaage anhebt; addiert man die Werte, hat man das Gesamtgewicht bestimmt, von dem das Leergewicht der Beute, der Rähmchen und der Waben abzuziehen ist. Es empfiehlt sich die Anlage einer Gewichtstabelle, die auf die eigene Ausstattung zugeschnitten ist – eine klassische Winterarbeit. Die Bienen selbst wiegen kaum mehr als 2 kg.

Vor dem Herbst müssen noch die Fluglöcher verkleinert werden; sind diese höher als ca. 7 mm, ist dringend das Anbringen eines Schutzes gegen Spitzmäuse zu empfehlen, die sonst in die Bienenwohnung eindringen und das Volk schädigen können.

5.6 Winterarbeiten

Für Bienenhalter beginnt der Winter im September, spätestens im Oktober. Wenn die Bienen auch noch ausfliegen, um die letzten Blüten zu nutzen (Efeu blüht im November), gibt es für den Imker am Bienenstand selbst außer gelegentlichen Kontrollen nichts mehr zu tun. Eine Imker-AG wird jetzt weitgehend zur *indoor*-Veranstaltung. Aber auch im Winter gibt es für die Jungimker jede Menge zu tun. Neben der Varroa-Winterbehandlung mit Oxalsäure (s. Abschnitt zur Varroabekämpfung) sind es v.a. Arbeiten an der Ausrüstung, die jetzt anstehen.

Zunächst sind jetzt die benötigten Rähmchen für die nächste Bienensaison vorzubereiten: d.h. die Rähmchen selbst müssen zur Verfügung gestellt werden, außerdem sind die Mittelwände einzulöten. Es lässt sich einiges Geld sparen, wenn man sich entscheidet, die benötigten Rähmchen nicht fertig gedrahtet zu kaufen, sondern in Einzelteilen zum Selbtzusammenbauen. Dann benötigt man jedoch außer den Rähmchen und dem Edelstahldraht auch noch einen kleinen Apparat, mit dem die Löcher in das Rähmchenholz gestanzt werden, durch die der Draht dann geführt wird. An beiden Enden wird der Draht mit einem kleinen Nagel befestigt – Arbeiten, die gut von Schülern ausgeführt werden können. Unter dem sog. "Einlöten" von Mittelwänden versteht man, dass mit Hilfe eines Transformators der Draht in den Wabenrähmchen so erhitzt wird, dass er sich in eine aufgelegte Wachsmittelwand einschmilzt und diese so einen festen Halt bekommt. Entsprechende Transformatoren gibt es im Imkerfachhandel zu kaufen; meist besitzen Schulen in ihrer naturwissenschaftlichen Sammlung aber bereits ausreichend leistungsfähige Geräte.

Eine Stufe weiter kann man gehen, wenn sich die Mitglieder einer Schulimkerei an den Selbstbau ihrer Bienenkästen wagen. Entsprechende Bausätze sind lieferbar und kosten ungefähr die Hälfte der fertig zusammengesetzten Modelle.

Schließlich gehört zum Thema "Winterarbeiten" ein letzter Punkt: Traditionell ist die Weihnachtszeit die Hauptabsatzzeit für Honig und andere Bienenprodukte wie Wachskerzen. Ein ansprechender Stand auf dem Adventsbasar der Schule bringt

5 Themen im Jahreslauf

Selbstgemachte Rähmchen machen stolz. Abb.: thm

V.a. die Hohenheimer Einfachbeute (Liebig-Beute) lässt sich gut aus einem Bausatz herstellen. Abb.: thm

nicht nur interessante Kontaktmöglichkeiten, sondern füllt auch die Kasse der Schulimkerei.

Hier kann es nützlich sein, noch weitere Holzarbeiten für den Verkauf anzufertigen, die in einem loseren thematischen Zusammenhang mit den Bienen stehen: Wildbienennisthilfen etwa, oder Teelichthalter aus Holz.

5.7 *Best practice* gegen die Amerikanische Faulbrut: Entnahme einer Futterkranzprobe

Bei der sog. Amerikanischen Faulbrut, auch als bösartige Faulbrut bezeichnet, handelt es sich um eine ansteckende Bienenkrankheit, die primär die Brut befällt. Erkrankte Völker gehen ohne Behandlung ein; in der Spätphase ihre Niedergangs kommt es durch Räuberei zu einer starken Verbreitung der Faulbrutsporen bei Bienenvölkern in der Nachbarschaft.

Die Amerikanische Faulbrut ist nach Tierseuchenverordnung meldepflichtig; endgültige Diagnose und Bedandlung erfolgen durch die Veterinärämter und die von diesen beauftragten Bienenseuchen-Sachverständigen. Es ist heute nicht mehr notwendig, infizierte Völker ausnahmslos abzutöten, in den letzten Jahren wurden Behandlungsverfahren entwickelt.

Dennoch muss die Faulbrut immer noch sehr ernst genommen werden. Entscheidend für die Möglichkeit, mit dem Erreger befallene Völker behandeln zu können, ist die frühe Diagnose, noch bevor erste klinische Symptome – eingefallene Zelldeckel auf Brutwaben, zu schleimiger Masse verfallene Maden – zu beobachten sind.

Deshalb wurde das Verfahren der Futterkranzprobe entwickelt: Noch vor dem Einsetzen der ersten größeren Tracht, also etwa im März, werden mit einem Teelöffel ca 50-100 ml aus dem Futterkranz einer Brutwabe entnommen und in einem der Bieneninstitute untersucht. Der Befund wird in der Regel per mail zugeschickt; im Falle eines positiven Befundes erfolgt automatisch die Information des zuständigen Veterinäramtes.

Die Proben sind kostenpflichtig; es ist aber möglich, Proben mehrerer Völker zu einer Sammelprobe zusammenzufassen. Die Details variieren je nach zuständigem Bieneninstitut, am besten informiert man sich über seinen Imker-Ortsverein.

5.8 Frühlingskontrolle und Auswinterung

Bei deutlich wärmeren Außentemperaturen kann man sich daran machen, genauer zu kontrollieren, wie die Bienenvölker durch den Winter gekommen sind. Auf folgende Punkte sollte man bei dieser Frühjahrsdurchsicht achten:

Beobachtung des Betriebs am Flugloch: Reger Fluglochbetrieb ist immer ein gutes Zeichen. Entdeckt man ankommende Bienen mit Pollenhöschen – um diese Jahreszeit meist leuchtend gelb – , bedeutet das, dass die Bienen bereits Brut aufziehen.

Einschätzen der Volksstärke: Bereits durch die Abdeckfolie kann man die Größe des Volkes abschätzen. Bei zweiräumig überwinterten Völkern ist es aber nötig, die zweite Zarge anzukippen, um zu sehen, ob die Bienen auch im unteren Brutraum sitzen, oder nur oben.

Futtervorrat: Im zeitigen Frühjahr ist immer wieder mit Temperaturrückfällen zu rechnen, die den Bienen Sammelflüge unmöglich machen. Gleichzeitig ist jetzt der Futterverbrauch durch die große Brutaktivität am höchsten. Deshalb ist eine Kontrolle des Futtervorrats im Frühling sehr wichtig; ggf. ist jetzt eine Notfütterung, am besten mit Futterteig, geboten. Ich belasse deshalb auch das überschüssige Winterfutter im Stock und entnehme die Futterwaben erst im April/Mai, im Rahmen der Ablegerbildung.

Weiselrichtigkeit: Zieht man die Waben, sollte ein Brutnest mit offener und verdeckelter Arbeiterinnenbrut zu erkennen sein. Fehlt die Brut ganz oder findet sich nur Drohnenbrut, ist höchstwahrscheinlich während des Winters die Königin verloren gegangen. Zu dieser Zeit kann man einem weisellosen Volk praktisch nicht helfen; es sollte aufgelöst werden (s.u.).

5 *Themen im Jahreslauf*

Krankheitsanzeichen: Besonders sollte man auf Kotspritzer innerhalb der Beute achten. Diese sind ein Anzeichen für Nosematose, eine Infektion des Verdauungssystems der Bienen.

Vorgehen bei Problemen:

Vereinigen von gesunden, aber zu kleinen Völkern: Völker, die im März lediglich 1–3 Wabengassen besetzen, sind zu klein, um sich zu starken Wirtschaftsvölkern mit nennenswertem Honigertrag zu entwickelt. Sie sollten mit einem anderen Volk vereinigt werden. Dazu setzt man sie einfach auf ein anderes Volk auf. Dazwischen kann man ein Blatt Zeitungspapier legen, in das man mit dem Stockmeisel einige Schlitze reißt. Die Bienen werden das Papier zerschroten und sich während dessen an die geruchliche Präsenz der jeweils anderen gewöhnen. Die Entscheidung, welche Königin dem neuen Volk vorstehen solle, kann man den Bienen überlassen; eine der beiden Konkurrentinnen wird abgestochen werden. Auch weisellose Völker kann man auf diese Art einem anderen Volk aufsetzen, aber nur, wenn noch keine Arbeiterinnen in Eiablage sind ("Drohnenmütterchen").

Auflösen von drohnenbrütigen Völkern: Völker, die seit längerer Zeit weisellos sind und deshalb bereits sog. "Drohnenmütterchen" ausgebildet haben, Arbeiterinnen, die unbefruchtete Drohneneier legen, können nicht einfach so mit einem anderen Volk vereinigt werden, sonst besteht die Gefahr, dass eins der Drohnenmütterchen die Königin des gesunden Volkes abtötet. Solche Völker sollten aufgelöst werden: Die einzelnen Waben werden gezogen und die ansitzenden Bienen einige Meter vom Stand entfernt ins Gras abgefegt. Die Beute wird entfernt. Die jetzt heimatlos gewordenen Bienen werden von anderen Völkern aufgenommen und sind so für den Imker nicht verloren gegangen. Dieses sog. "Einbetteln" funktioniert besser, wenn die Honigblasen der Bienen gefüllt sind. Deshalb sollte vom Smoker Gebrauch gemacht werden. Die Drohnenmütterchen sind oft flugunfähig und bleiben so an der Stelle des Abfegens zurück. Erreichen sie eine andere Beute, werden sie von den Wächterbienen am Flugloch gestoppt.

Liegen sonst keine Krankheitsanzeichen vor, können das Wabenwerk und insbesondere die Futterwaben des aufgelösten Volkes z.B. bei der Ablegerbildung weiterverwendet werden.

5.9 Ist da eine Königin?

In manchen Fällen übersteht die Bienenkönigin den Winter nicht; manchmal ist es auch so, dass die Bienen sich spät im Jahr noch eine neue Königin heranziehen wollen, diese aber nicht von ihrem Begattungsflug zurückkehrt. In beiden Fällen hat das Volk im Frühjahr keine Königin mehr, es ist weisellos. Da im Frühjahr

5.9 Ist da eine Königin?

Typisches Brutbild eines drohnenbrütigen Volkes: Verstreute Drohnenbrut (erkennbar an der "buckeligen" Verdeckelung) in Arbeiterinnenzellen; ein Drohn schlüpft gerade. Dieses Volk muss aufgelöst werden, indem die ansitzenden Bienen ins Gras geschüttelt werden. Abb.: thm

auch keine jüngste Brut vorhanden ist, aus dem das Volk sich eine neue Königin nachschaffen könnte, ist das Volk ohne Eingreifen des Imkers verloren.

Auch zu späteren Zeiten im Jahr kann es zweifelhaft sein, ob mit der Königin eines Volkes alles seine Richtigkeit hat: Die sog. "Weiselrichtigkeit" muss dann überprüft werden.

Bereits von außen lassen sich bestimmte Indizien erkennen: Wenn die Bienen – v.a. im zeitigen Frühjahr – Pollen eintragen, deutet das darauf hin, dass im Innern des Stockes bereits ein Brutnest angelegt worden ist. Der Pollen dient ja zur Ernährung der Bienenmaden.

Indizien für das Fehlen der Königin können Fehlen des Polleneintrags oder auch überhaupt geringerer Flugbetrieb eines Volkes sein. Oftmals verhalten sich weisellose Völker spürbar unruhiger und geben ein deutlich vernehmbares, länger andauerndes "Brausen" von sich, wenn sie – z.B. durch Klopfen an der Beutenwand – gestört werden.

Nach dem Öffnen des Kastens zeigt das Vorhandensein von offener und verdeckelter Arbeiterinnenbrut eindeutig an, dass eine begattete Königin vorhanden ist. Es ist keineswegs nötig, bei jeder Kontrolle diese selbst ausfindig zu machen.

Kontrolle und Abhilfe in einem – die klassische Weiselprobe
Findet sich hingegen keine Brut, liegt der Verdacht nahe, dass die Königin verloren gegangen ist.

Eine sichere Diagnose erhält man durch die sog. Weiselprobe. Man entnimmt einem anderen Volk eine Wabe mit offener Brut, d.h. frischen Eiern und jüngsten Rundmaden, von der man die ansitzenden Bienen auf jeden Fall abschütteln bzw. -fegen sollte – schon allein, um der Gefahr vorzubeugen, dass sich unter ihnen die Königin des zweiten Volkes befindet! Diese Wabe wird in das mutmaßlich weisellose Volk eingehängt – möglichst mittig – im Austausch gegen eine möglichst leere Randwabe. Am nächsten Tag kontrolliert man diese Wabe nochmals. Wurden auf ihr Nachschaffungszellen angelegt, ist das Volk offenbar weisellos und versucht sich, eine neue Königin aufzuziehen. Der Imker spricht davon, dass die Bienen die Weiselprobe "angenommen" haben. Zeigen sich hingegen keine Weiselzellen, sieht das Volk offenbar keinen Bedarf an einer Königin – weil es mit seiner bestehenden zufrieden ist.

Der Imker kann die angenommene Weiselprobe im Volk belassen und darauf vertrauen, dass die Königinnennachzucht inklusive des Begattungsfluges erfolgreich über die Bühne gehen werden. Das ist freilich nicht jedes mal der Fall.

5.10 Erste Erweiterung

Die ersten Eier, die die Königin im zeitigen Frühjahr legt, reichen oft nicht einmal aus, die schwindende Bienenzahl durch den Abgang der Winterbienen auszugleichen; zunächst wachsen die Völker kaum. Wenn es aber im April (und manchmal auch im März) anhaltend wärmer wird, dehnt sich das Brutnest rasch aus, es kann jetzt sechs Waben und mehr umfassen. Wenn diese Brut schlüpft, nimmt die Bienenzahl pro Tag um 500 bis 1000 Bienen zu. Jetzt kann es zu eng werden, wenn das Volk nicht genügend Platz hat.

Magazinbeuten im Zander- und Deutsch-Normalmaß müssen jetzt ein erstes Mal erweitert werden – wenn das Volk nicht sowieso zweiräumig überwintert wurde. Dazu wird einfach eine zweite Zarge mit Mittelwänden aufgesetzt. Eine Brutwabe aus der unteren Zarge erleichtert den Bienen die Annahme; gleichzeitig entsteht so Platz für einen Baurahmen in der unteren Brutraumzarge; die Obere nimmt einen zweiten Baurahmen auf. (Zum Thema Baurahmen und Entnahme der Drohnenbrut s. S. 63.)

5.11 Freigabe des Honigraums

Gegen Ende der Kirschblüte sind Bienenvölker meist so stark entwickelt, dass sie die beiden unteren Zargen füllen. Jetzt steht die zweite Erweiterung an: Der Honigraum wird, vom Brutraum durch ein Absperrgitter getrennt, das den Arbeiterinnen die

Passage erlaubt, nicht aber der Königin, aufgesetzt. Das Absperrgitter verhindert, dass in den Honigwaben Eier abgelegt und Maden aufgezogen werden.

Der Imker muss das regelmäßige Ausschneiden des Drohnenbruträhmchens fortsetzen und außerdem seine Völker regelmäßig daraufhin kontrollieren, ob diese Schwarmneigung zeigen (s.u.). Für beide Maßnahmen ist bei Magazinbeuten das Abheben des Honigraums nötig – Imker mit Golz– oder Einraumbeuten sind in dieser Beziehung im Vorteil.

5.12 Vermehrung des Völkerbestandes

In den Monaten April bis Juli liegt der Peak der Arbeitsbelastung eines Imkers: Die Völker müssen regelmäßig – am besten wöchentlich – aufgesucht werden, um die Varroabekämpfung durch Drohnenbrutausschneiden zu betreiben. Außerdem ist jetzt die Zeit der Völkervermehrung durch Lenkung des Schwarmtriebes und gezielte Bildung von Ablegern.

Es gibt verschiedenste Möglichkeiten der Ablegerbildung und Königinnenzucht. Zu diesem Thema sind zahlreiche Fachveröffentlichungen erschienen; die Imkerorganisationen bieten spezielle Kurse an, die sehr zu empfehlen sind. Doch muss man an dieser Stelle wieder beachten: Eine Schulimkerei ist kein Leistungszuchtbetrieb. Im Vordergrund steht nicht die Züchtung auf möglichst hohe Ertragsleistung optimierter Leistungsbienen, sondern die (Anfänger-)Ausbildung der Schüler. Deshalb wird im Rahmen dieser Anleitung lediglich ein einziges, anfängertaugliches, und auch für Schüler praktikables Verfahren vorgestellt: die Bildung eines einfachen Brutablegers, ggf. als sog. Sammelbrutableger. Mit diesem Verfahren ist es leicht möglich, sich neue Bienenvölker heranzuziehen, um eventuelle Winterverluste auszugleichen oder den Völkerbestand zu erhöhen.

Damit der Völkerbestand nicht ins Uferlose wächst, ist es nötig, den natürlichen Schwarmtrieb der Bienen zu verstehen, zu begrenzen und zu steuern. Außerdem muss jeder Bienenhalter wissen, wie man reagiert, wenn (doch einmal) ein Schwarm abgeht: Wie wird er eingefangen und weiterversorgt?

Natürlicher Vermehrungstrieb der Bienen: Der Schwarm

Gut versorgte, korrekt entwickelte, starke Bienenvölker wollen sich vermehren. Vor allem, wenn es für die zunehmenden Bienenmassen in der bisherigen Behausung zu eng wird, entsteht im Volk der sogenannte Schwarmtrieb: Die Bienen legen mehrere sogenannte Schwarmzellen an, Zellen zur Aufzucht einer neuen Königin. Diese werden mit befruchteten Eiern bestiftet und die schlüpfende Made mit Königinnenfuttersaft versorgt. Wenn die Zellen, die sich meist am unteren Wabenrand befinden, verdeckelt sind, beginnt das eigentliche Schwarmgeschehen: Meist um die Mittagszeit verlässt die bisherige Königin mit etwa der Hälfte der Bienen den Stock und sammelt sich meist in relativer Nähe an einem Ast o.ä. Von diesem Zwischenhalt aus machen sich sog. "Spurbienen" auf die Suche nach einer neuen dauerhaften Unterkunft. Sobald eine passende Möglichkeit gefunden ist, macht

5 Themen im Jahreslauf

Volksteile im Zusammenhang mit dem Schwarmgeschehen

Volksteil	...besteht aus:	...hat:
Vorschwarm	begatteter Königin, Flugbienen	viele Bienen, sofort einsatzbereite Königin
abgeschwärmtes Volk	junge Königin, Stockbienen	unbegattete Königin, die auf Begattungsflug verloren gehen kann, Wabenbau und Vorräte
Nachschwarm	unbegattete Königin, meist Stockbienen	keine Risikoabsicherung

sich der Schwarm auf den Weg; jetzt ist er in aller Regel für den Imker verloren. Er ist darauf angewiesen, ihn während des ersten Zwischenhaltes aufzufinden und zu versorgen. Dies ist immer Glückssache; deshalb tut der Imker gut daran, den Schwarmtrieb zu beobachten und wenn möglich zu regulieren. Dennoch ist das Ausziehen eines Bienenschwarms ein überaus eindrucksvolles Erlebnis, das sich eine Schulbienenhaltung durchaus einmal gönnen kann.

Falls das zurückbleibende Volk sehr groß ist, ist es übrigens durchaus möglich, dass neben dem sog. "Vorschwarm" mit der alten Königin, noch ein sogenannter "Nachschwarm" auszieht. Dieser hat eine unbegattete Königin bei sich. Dies bedeutet, dass die Königin zunächst noch einen Begattungsflug vornehmen muss. Dadurch tragen Nachschwärme ein deutlich erhöhtes Risiko. Sogar mehrere Nachschwärme sind möglich; diese sind wesentlich schwächer als der Vorschwarm und sollten wieder mit dem abgeschwärmten Volk vereinigt werden. Nachschwärme lassen sich verhindern, indem man nach dem Abgang des Voschwarms das abgescwhärmte Volk auf Weiselzellen kontrolliert und alle außer einer (!) zerstört.

Maßnahmen zur Regulierung des Schwarmverhaltens
Der Imker kann durch verschiedene Maßnahmen den Schwarmtrieb der Bienen deutlich herabsetzen; durch massivere Eingriffe ist es möglich, das Abgehen eines Schwarmes zu unterbinden, auch wenn die Vorbereitungen der Bienen schon weit gediehen sind.

Zunächst sollte den Bienen immer genügend Raum zur Verfügung stehen. Rechtzeitiges Erweitern der Beute dämpft von vorneherein die Neigung zum Schwärmen. Auch die Drohnenbrutentnahme zur Varroabekämpfung wirkt sich dämpfend auf den Schwarmtrieb aus, da die Bienen so stets die Möglichkeit haben, neues Wabenwerk zu errichten.

Die Entnahme von Brutwaben mitsamt der ansitzenden Bienen zur Ablegerbildung reduziert ebenfalls die Schwarmneigung deutlich, da die Bienen dadurch quasi bereits erreicht haben, was durch das Schwarmgeschehen erreicht werden sollte.

Letztlich ist es aber unverzichtbar, während der Schwarmzeit (etwa bis zur Sommersonnwende) die Bienen in einem Abstand von neun Tagen (praktischer: wöchentlich) auf das Vorhandensein von Schwarmzellen zu kontrollieren und diese ggf. auszubrechen. Hierdurch wird das Abgehen des Schwarmes verhindert – solange man keine Schwarmzelle übersehen hat ... – , aber keine nachhaltige Senkung des Schwarmtriebs erreicht.

Schwarmzellen an der Unterleiste eines Rähmchens. Abb.: thm

Ein Bienenschwarm auf Zwischenstopp im Baum Abb.: thm

Zur Kontrolle müssen nicht in jedem Falle alle Waben gezogen werden; es reicht aus, die einzelnen Zargen anzukippen und von unten auf Schwarmzellen abzusuchen. Befinden sich hier keine Schwarmzellen, kann man sich darauf verlassen, dass auch sonst an keiner Stelle Zellen versteckt sind. Macht man hingegen bei dieser sog. Kippkontrolle Schwarmzellen aus, so müssen alle Waben auf das Vorhandensein weiterer Schwarmzellen abgesucht werden, denn meistens werden mehrere angelegt – und eine einzige Übersehene reicht aus, um den Schwarm zu ermöglichen.

Einen Schwarm fangen und versorgen
Wenn man den Schwarm beim Auszug beobachtet bzw. in einem Baum hängend antrifft, kann man versuchen, ihn einzufangen. Dabei sollte man zunächst auf seine persönliche Sicherheit achten. Kein Bienenschwarm ist es wert, um seinetwillen waghalsige Kletteraktionen vorzunehmen. Gegebenenfalls kann es sinnvoller sein, ihn ziehen zu lassen.

Kann man ihn gefahrlos erreichen, empfiehlt es sich, ihn mit etwas Wasser zu besprühen, um die Bienen flugunfähig zu machen. Dann kann man versuchen, ihn durch Schütteln oder Klopfen in einen großen Eimer o.ä. zu bugsieren; evtl. muss man die Bienen mit dem Abkehrbesen in das Gefäß kehren. Sind bei diesen Aktionen viele Bienen aufgeflogen oder hängen noch am Baum, ist das kein Problem. Das Wichtigste ist, dass sich die Königin im Gefäß befindet.

Die Bienen werden am einfachsten in ihre neue Beute eingebracht, indem man zunächst eine leere Zarge mit zugehörigem Boden in Sichtweite der noch im Baum hängenden Bienen aufstellt – am besten etwas im Schatten – , die Bienen hineinschüttet bzw. -stößt, einige Mittelwände vorsichtig in die von Bienen wimmelnde Beute gleiten lässt und die Zarge mit dem Innendeckel verschließt. Bis zum Abend folgen in der Regel alle Bienen von selbst ihrer Königin in die neue Behausung. Die Beute wird über Nacht an einem kühlen Ort zwischengelagert, um den Zusammenhalt des Volkes und die Bindung an die neue Behausung zu unterstützen. Am nächsten Abend kann die Beute an ihren künftigen Platz gestellt werden.

Es empfiehlt sich, nach dem Abgang eines Schwarms das abgeschwärmte Volk durchzusehen, um die überflüssigen Schwarmzellen zu zerstören – eine Zelle muss natürlich erhalten bleiben! Durch die massiv reduzierte Bienenmasse lassen sich übrigens die Schwarmzellen wesentlich einfacher ausmachen, als vor Auszug des Schwarms. Auf diese Weise wird verhindert, dass noch ein (oder gar mehrere) Nachschwärme ausziehen, aus denen sich kaum noch verlässlich Wirtschaftsvölker aufbauen lassen. Etwa eine Woche später kann man anhand des Vorhandenseins von frischer Brut überprüfen, ob die neue Königin geschlüpft ist und wohlbehalten vom Begattungsausflug zurückgekommen ist.

Bildung eines einfachen Brutablegers
Das Problematische an der Vermehrung der Bienenvölker durch den Schwarmtrieb ist, dass sich das Auftreten von Schwärmen der Planung des Menschen entzieht. Deshalb wurden von den Imkern der letzten zwei Jahrhunderte eine ganze Reihe von Verfahren entwickelt, die Vermehrung des Völkerbestandes ohne das natürliche Schwärmen zu erreichen: Ablegerbildung und Königinnenzucht sind sozusagen die "hohe Schule" der Imkerei. Die meisten Verfahren sind für den Kontext einer Schulimkerei zu komplex und vom Ergebnis her nicht nötig. Im folgenden wird ein Verfahren vorgestellt, das sich in der Praxis ausgesprochen bewährt hat, keine spezielle Ausstattung erforderlich macht und außerdem sehr gut geeignet ist, das Reproduktionsverhalten der Honigbiene zu studieren: der einfache Brutableger, evtl. erweitert zum Sammelbrutableger.

Die Vorgehensweise ist denkbar einfach: In eine leere Beute werden an den Rand je nach Zeitpunkt eine bis drei (vgl. Tabelle) Brutwaben mitsamt den ansitzenden Bienen, eine Mittelwand sowie eine Wabe mit reichlich Futter gehängt – in dieser Reihenfolge! Es ist entscheidend, dass sich auf den Brutwaben mindestens an einer Stelle frische Eier bzw. jüngste Maden von Arbeiterinnebrut befinden. Das Flugloch der Beute wird stark verengt (eine Bienenbreite genügt vollauf!), die Beute am besten an einen Standort außerhalb des Flugkreises gestellt (optimal: 5km Entfernung), in der Folgezeit muss für eine kontinuierliche Versorgung mit Futter gesorgt werden – fertig.

Zahl der minimalen Brutwabenzahl bei der Bildung eines Brutablegers

Zeipunkt der Ablegerbildung:	Zahl der Brutwaben:
Ende April / Anfang Mai	min. 1
Mitte / Ende Mai	min. 2
Anfang Juni	min. 3

nach Liebig 2011, S. 120.

In der Praxis lassen sich die Arbeiten zur Schwarmkontrolle der Altvölker und Ablegerbildung wunderbar kombinieren: Fallen bei der Kippkontrolle Schwarmzellen auf, entnimmt man die betroffenen Waben zur Ablegerbildung (und zerstört die überflüssigen Schwarmzellen). So wird die Schwarmneigung des "geschröpften" Volkes reduziert und gleichzeitig hat es das Ablegervölkchen einfacher, da es bereits über gepflegte Königinnenzellen verfügt. Überdies ist gewährleistet, dass diese Königinnenzellen von Anfang an bereits optimal gepflegt und mit ausreichend Königinnenfuttersaft versorgt wurden. Schließlich spart man bis zum Schlupf der neuen Königin sogar einige Tage im Vergleich zur Nachzucht aus jüngster Arbeiterinnenbrut.

Pflege der Ableger im ersten Jahr
Die Bienen werden aus den Eiern eine neue Königin heranziehen, die nach ihrem Begattungsflug in Eiablage gehen wird. Das Risiko, dass die Königin vom Begattungsflug nicht heimkehrt, liegt bei etwa 20 Prozent. Das Volk muss im ersten Jahr seines Bestehens besonders gepflegt werden: das bedeutet besonders die kontinuierliche Fütterung sowie die rechtzeitige Erweiterung mit Mittelwänden, die stets an den Rand des Brutnestes gestellt werden sollten – also zwischen die letzte Brutwabe und die erste Wabe, die mit Futter gefüllt ist.

Sobald die ursprüngliche Brut ausgelaufen ist und bevor neue Brut gebildet wurde, kann der Brutableger durch das Versprühen von Milchsäure gegen die Varroamilbe behandelt werden. Das Verfahren ist nicht zwingend, aber bei entsprechender Varroa-Belastung dringend zu empfehlen (Gemülldiagnose!). [3]

Die einzelnen Schritte der Bildung und Pflege der Ablegervölker sollten schriftlich dokumentiert werden (vgl. Textvorlage).

5.13 Honigernte

Die Ernte des von den Bienen gesammelten Honigs markiert in gewisser Weise den Höhepunkt des imkerlichen Jahres – jetzt wird der Lohn der Arbeit eingebracht. Bei einer Schulimkerei, die nicht mit ihren Stöcken bestimmte Massentrachten

---

[3] Sehr ausführliche Anweisungen zur Milchsäurebehandlung sind enthalten in: F. Pohl (Hg.), Varroose, Kosmos-Verlag 2008.

5 Themen im Jahreslauf

Textvorlage: **Fahrplan Brutableger**

Fahrplan zur Bildung eines Brutablegers Volk Nr. _____
Betreuer des Ablegers: _____

Bildung
Datum der Bildung: _____
Zahl der Brutwaben: _____. Entnommen aus Volk: _____   – darauf: verdeckelte/offene Schwarmzelle vorhanden: _____   Zahl der Futterwaben: _____. Entnommen aus Volk: _____   Verstellt von _____ nach _____.
Pflege am Außenstand
Fütterung: _____ Gabe von Mittelwänden: _____
Varroabehandlung mit Milchsäure
Voraussetzung: Brutfreiheit!   Deshalb Termin ca. 24 Tage nach Bildung, wenn die alte Brut ausgelaufen und noch keine neue angelegt worden ist.   Datum: _____
Kontrolle vier Wochen nach Bildung
Datum: _____   Zahl der besetzten Waben: _____   Offene und verdeckelte Brut sind vorhanden.   Königin entdeckt und mit der Farbe _____ gezeichnet.
Rückkehr an den Stand
Termin: ca. fünf Wochen nach Bildung   Verstellt   von   _____   nach   _____ am _____.
Varroabehandlung und Einwinterung
Einfütterung vom _____ bis _____   mit _____ Liter Flüssigfutter.   Behandlung vom _____ bis _____   mit _____ Milliliter Ameisensäure.   Einwinterungsstärke: Am _____ sitzt die Wintertraube in _____ Wabengassen.

anwandert, sind in aller Regel zwei Honigernten möglich: die Ernte des Frühlingshonigs mit seinem sehr milden Geschmack aus Obstblüten und Löwenzahn und

5.13 Honigernte

die Sommertracht mit einem etwas kräftigeren Aroma, das von Robinien, Linden, Kastanien (je nach landschaftlicher Umgebung) geprägt ist.

Honig muss, damit er die an ihn gestellten Erwartungen erfüllen kann, erntereif sein. Relevant ist insbesondere der Wassergehalt: Der von den Bienen gesammelte Blütennektar hat einen wesentlich höheren Wassergehalt als Honig. Die Bienen entziehen dem Honig Wasser, indem sie ihn mehrfach von einer Zelle in eine andere umtragen, wobei ihm vom Organismus der Biene bestimmte Enzyme zugesetzt werden. Wenn der Honig aus Sicht der Bienen fertig ist, verschließen sie die Zellen mit einem Wachsdeckel.

Der Imker sollte nur Honig ernten, der zum überwiegenden Teil verdeckelt ist. Eine absolute Garantie für niedrigen Wassergehalt ist aber auch dies nicht. Insbesondere in sehr feuchten Jahren kann es dazu kommen, dass die Bienen selbst mit der Honigtrocknung Schwierigkeiten haben. Deshalb sollte der Wassergehalt des Honigs mit einem sog. Refraktometer bestimmt werden: einem optischen Gerät, mit dessen Hilfe der Wassergehalt anhand der Lichtbrechung exakt bestimmt werden kann. Er darf z.B. nicht über 18 Prozent liegen, wenn der Honig unter dem Markenzeichen des Deutschen Imkerbundes verkauft werden soll.

Enthält der Honig einen höheren Prozentsatz Wasser, besteht die Gefahr, dass dieser bei der Lagerung in alkoholische Gärung übergeht. Solcher Honig ist bestenfalls noch zum Kochen und Backen bzw. zur Herstellung von Met zu gebrauchen – nicht gerade die angestrebten Arbeitsfelder einer Schulimkerei.

Am einfachsten geht die Honigernte unter Benutzung einer sog. "Bienenflucht" von statten: Sie wird am Tag vor der Ernte zwischen Brutraum und Honigraum eingelegt und sorgt dafür, dass man die Honigzarge praktisch bienenleer entnehmen kann.

Zum Entdeckeln der Honigwaben benötigt man ein Entdeckelungsgeschirr, das Wachs- und Honigreste auffängt und die Waben während der Arbeit sicher hält. Als Werkzeug für eine Schulimkerei eignen sich klassische Entdeckelungsgabeln am besten; alle anderen Verfahren sind wesentlich gefährlicher für die ungeübten Schülerhände.

Der Honig wird mit Hilfe einer Schleuder aus den Waben extrahiert; für eine Schulimkerei ist ein Elektroantrieb völlig verzichtbar. In aller Regel streiten die Schüler eher darum, wer die Kurbel bedienen darf. Dabei kommt es nicht auf reine Kraft an. Vielmehr müssen die Waben in drei Schritten ausgeschleudert werden, sonst zerbrechen sie:

1. Die Waben auf einer Seite sanft anschleudern und ca. die Hälfte des Honigs herausschleudern,

2. die Waben umdrehen und die andere Seite, jetzt mit voller Drehzahl, ausschleudern,

3. die Waben nochmals umdrehen und jetzt die erste Seite ganz ausschleudern.

Von der Schleuder läuft der Honig durch ein Sieb in den Auffang- und Abfüllbehälter. Am besten eignen sich Doppelsiebe aus Edelstahl.

5 Themen im Jahreslauf

Die weiteren Schritte der Honigaufbereitung (das Rühren, um eine cremige Konsistenz zu erhalten, das Abfüllen, Lagern, die mit dem Verkauf zusammenhängenden Aspekte) sollen später besprochen werden (Kap. 8).

Zur Zeit der Sommersonnwende (21. Juni) kann die regelmäßige Drohnenbrutentnahme zur Varroa-Bekämpfung sowie die Schwarmkontrolle aufhören: Denn der Schwarmtrieb ist weitgehend erloschen, es wird kaum noch Drohnenbrut aufgezogen. Nach der letzten Honigernte schließt sich die erste Ameisensäurebehandlung möglichst unmittelbar an. Ein neues Bienenjahr beginnt.

6 Dienstleistung für die Schulgemeinschaft: Ein Bienenvolk im Schaukasten

Ein Bienenschaukasten ist eine spezielle Form des Bienenkastens, in dem meistens zwei Waben übereinander angebracht sind; auf beiden Seiten befinden sich Glasscheiben, die eine ausgiebige Beobachtung der Bienen erlauben, ohne mit diesen selbst in direkten Kontakt zu kommen. Ein solcher Kasten eignet sich vorzüglich, um Gruppen die Vorgänge im Bienenvolk detailliert erläutern zu können; ein Stichschutz ist unnötig und auch das Volk wird durch die Betrachter nicht gestört oder seine Königin gefährdet. Besonders für Schulimkereien ist der Schaukasten eine ganz zentrale Einrichtung.

Ein gut gepflegter Bienen-Schaukasten ist Publikumsmagnet und Aushängeschild der Schulimkerei Abb.: thm

6 Dienstleistung für die Schulgemeinschaft: Ein Bienenvolk im Schaukasten

Voraussetzung für den Betrieb eines Schaukastens ist, dass man in seiner übrigen Imkerei ein Beutensystem mit Mobilbau verwendet – im Schulkontext ist bereits dieser Punkt allein ein entscheidender Nachteil für die Bienenkiste und auch die top-bar-hive.

Zur Zeit der Ablegerbildung im April/Mai wird der Schaukasten mit einem einfachen Brutabler bestückt: In die obere Position kommt die Futterwabe, in die untere Position eine Brutwabe mit zumindest etwas offener Brut mit frischen Eiern oder jüngsten Madenstadien von Arbeiterinnenbrut.

Jetzt wird es spannend: Die Bauform des Bienenschaukastens ist optimal geeignet, täglich zu beobachten, wie die Bienen aus der offenen Arbeiterinnenbrut eine Königinnen-Nachschaffungszelle errichten, wie diese schlüpft und schließlich selbst in Eiablege geht.

Ab diesem Zeitpunkt wird dem Völkchen der auf zwei Waben begrenzte Schaukasten schnell zu klein. Der Imker hat jetzt verschiedene Möglichkeiten:

- Er kann nichts tun. Dann wird schnell Schwarmstimmung aufkommen, die Bienen werden Schwarmzellen anlegen, deren Schlupf man beobachten kann, nachdem die alte Königin den Kasten in einem Schwarm verlassen hat. Die zuerst schlüpfende Königin wird ihre Schwestern noch in der Weiselzelle töten oder aber mit einem Nachschwarm ausziehen. All dies ist großartig zu beobachten – aber man sollte bedenken, worauf man sich einlässt.

- Der Imker kann versuchen, das Volk klein zu halten, indem er mehrmals eine der beiden Waben (auf der sich nicht die Königin befindet) entnimmt, um damit einen anderen Ableger zu verstärken. Dieses "Schröpfen" reduziert den Schwarmtrieb im Schaukasten effektiv.

- Der Imker kann den Ableger auch in eine größere Beute umsiedeln, um daraus ein einwinterungsfähiges Wirtschaftsvolk aufzubauen. Der umgesetzte Ableger muss dann außerhalb des Flugkreises aufgestellt werden. Der Schaukasten kann mit zwei neuen Waben belegt werden.

- Schließlich kann man den Schaukastenableger auflösen, indem man ihn einfach einem anderen Ableger zuhängt. Die Bienen werden dem Imker die Entscheidung für eine der beiden Königinnen abnehmen.

Wer keine Angst vor Vandalismus hat, kann seinen Schaukasten öffentlich zugänglich machen. Dann empfiehlt es sich ein Info-Blatt auszulegen, das sich auch bei der Präsentation des Schaukastenvolks vor Gruppen eignet (vgl. Textvorlage).

6 Dienstleistung für die Schulgemeinschaft: Ein Bienenvolk im Schaukasten

Textvorlage: **Willkommen an unserem Bienen-Schaukasten!**

Was ist im Schaukasten?
Im Schaukasten unserer Schulimkerei-AG wohnt ein sogenannter Ableger, d.h. ein kleines Bienenvolk, das wir im April aus einer einzelnen Brutwabe mit den ansitzenden Bienen gebildet haben. Die Bienen haben sich aus einem Ei, das ursprünglich dazu gedient hätte, eine Arbeiterin heranzuziehen, eine neue Königin gemacht – ein neues Bienenvolk ist entstanden.

Was muss man beachten?
Wir bitten, drei Dinge zu beachten:

1. Wenn Sie etwas beschädigt vorfinden, melden Sie sich bitte unter der Tel.-Nr. ...
2. In Ihrem eigenen Interesse bitten wir Sie, das Flugloch und seine unmittelbare Umgebung nicht anzufassen.
3. Wenn Sie mit Ihren Beobachtungen fertig sind bitten wir Sie, den Schaukasten wieder ordnungsgemäß zu verschließen.

Was gibt es alles zu sehen?
In unserem Schaukasten gibt es viel zu entdecken:

Honigzellen liegen im oberen Bereich des Schaukastens ("fluglochfern") und haben helle Deckel.

Verdeckelte Brutzellen liegen im Zentrum des Kastens. Ihre Deckel sind wesentlich dunkler und mehr gewölbt. Mit etwas Glück und Geduld kann man beobachten, wie eine Jungbiene schlüpft.

Bienenmaden in unverdeckelten Brutzellen, die von Arbeiterinnen mit Futter versorgt werden, sind jünger als die verpuppten Maden in den verdeckelten Brutzellen.

Zellen mit eingelagertem Pollen sind bei näherem Hinsehen in der Nähe des Brutnestes erkennbar. Die verschiedenen Farben deuten auf verschiedene Pflanzenarten, von denen der Pollen stammt.

Die Königin herauszufinden, braucht schon etwas mehr Geduld. Sie ist deutlich länger als die Arbeiterinnen und meist von einem ganzen Hofstaat umgeben. Vielleicht kann man sie bei der Eiablage beobachten?

Drohnen sind männliche Bienen; sie sind deutlich größer als ihre weiblichen Artgenossinnen, von denen sie sich rundum bedienen lassen.

Bienen bei der Arbeit pflegen die Brut, tragen Nektar und Pollen ein, bauen Waben aus, versorgen die Königin und die Drohnen mit Futter ...

Tanzende Bienen erklären ihren Genossinnen durch den Rhythmus ihrer Bewegungen, wo sich eine ergiebige Trachtquelle befindet.

Ich will mitmachen!
Die Gemeinschaftsschule Gersheim versteht sich als Nachbarschaftsschule, die allen Menschen offensteht, die sich einbringen wollen. Im Bereich der Schulimkerei gäbe es viele Möglichkeiten, an den verschiedenen Bereichen unserer Tätigkeit mitzuwirken. Nehmen Sie Kontakt mit uns auf!

6 Dienstleistung für die Schulgemeinschaft: Ein Bienenvolk im Schaukasten

7 Barrierefreies Imkern

In frühen Planungsphasen dieses Büchleins hieß das folgende Kapitel einmal "Imkern mit körperlichen Einschränkungen". Hinter der Umbenennung stehen Überlegungen, die sich parallel im Wandel der schulischen Begrifflichkeit finden: Man spricht nicht mehr von "Integration", sondern von "Inklusion". Was ist damit gemeint? Im Zentrum der Aufmerksamkeit stehen nicht die Defizite der Menschen, die ihr Handeln begrenzen, sondern ihre jeweils verschiedenen Fähigkeiten. Die Gesamtheit der Schülerschaft wird nicht mehr als möglichst homogene Gruppe angesehen, sondern als Gemeinschaft aller in ihrer jeweiligen Verschiedenheit. Schule ist für alle Kinder da, ohne diese nach Kriterien wie Leistungsfähigkeit oder anderem vorzuselektieren. Nicht die Schüler müssen Voraussetzungen erfüllen, um eine (Regel-)Schule besuchen zu "dürfen", sondern die Schule muss sich an die verschiedenen Lernvoraussetzungen und –bedürfnisse ihrer Schüler anpassen und diesen individuell zugeschnittene pädagogische Angebote machen – soweit die Grundideen der derzeitigen Inklusions- und Gemeinschaftsschul-Debatte.

Diese Überlegungen haben unmittelbare Auswirkungen auf die Schulimkerei.

7.1 Körperliche Anforderungen der Bienenhaltung

In Broschüren der Imkerverbände findet man oft Aussagen wie: "Imkern ist etwas für jeden und jede." Dies ist vielleicht richtig, zuvor muss man sich aber über etwas klar werden: Die Imkerei stellt einige konkrete körperliche Anforderungen; viele Defizite lassen sich leicht kompensieren, bei anderen bin ich nicht sicher:

Heben von schweren Gewichten / Grobmotorik
Imker bewegen immer wieder erhebliche Gewichte: Ein gefüllter Honigraum einer Magazinbeute wiegt etwa 25 kg. Kann man sich bei der Honigernte noch damit behelfen, dass man die Honigwaben einzeln entnimmt, muss doch – etwa bei der Schwarmkontrolle oder zur Entnahme des Drohnenbruträhmchens im Rahmen der Varroabekämpfung – immer wieder eine gefüllte Zarge als ganzes gehoben werden. Dies macht primär Imkern mit Rückenproblemen zu schaffen.

Hände / Feinmotorik
Wabenrähmchen müssen mit den Händen gefasst und aus der Beute gezogen werden, was sowohl Kraft als auch Fingerspitzengefühl verlangt.

7 Barrierefreies Imkern

Eingeschränkte Begwegungsfähigkeit
Für Imker, die auf die Benutzung eines Rollstuhls angewiesen sind, ist eine einigermaßen konstante Arbeitshöhe ein entscheidendes Kriterium. Die Grundidee der Magazinbeuten, das Aufeinanderstapeln einzelner Zargen zu ganzen "Türmen" wird dieser Anforderung auf keinen Fall gerecht.

Sehen, hören, riechen
Imker müssen v.a. gut sehen, um z.B. jüngste Maden und Bieneneier am Zellboden erkennen zu können. Das Gehör sowie die übrigen Sinne spielen bei der alltäglichen Arbeit an den Bienen eine eher untergeordnete Rolle.

7.2 Technische Lösungen

Viele der geschilderten körperlichen Anforderungen lassen sich durch sorgfältige Auswahl der Imkerausstattung sowie weiteren technischen Hilfsmittel aus dem Wege räumen:

Beutenformen
Am deutlichsten wirkt sich die Entscheidung für die passende Beutenform aus: Magazinbeuten sind eher ungeeignet, statt dessen empfiehlt sich der Einsatz von Golz-Beuten, mit denen geimkert werden kann, ohne ständig schwere Gewichte heben zu müssen. Außerdem gewähren sie eine konstant bleibende Arbeitshöhe, die auch Rollstuhlfahrern die Arbeit an den Bienen ermöglicht.

Kleine Helferlein – große Wirkung

Ein sog. Rähmchenzieher ermöglicht das einhändige Herausziehen und Halten von Bienenwaben. Abb.: www.bienen-ruck.de

8 Produkte

Im Gegensatz zu praktisch allen anderen schulischen Bildungsangeboten und Arbeitsgemeinschaften ist eine Schulimkerei im Stande, ihre anfallenden Kosten zu decken und sogar Überschüsse zu erwirtschaften, über deren Verwendung dann nachgedacht werden kann. Der letzte Weg, den man diesbezüglich beschreiten kann, ist wohl, den mitarbeitenden Schülern für ihre Arbeit Löhne auszuzahlen. Dies ist zwar die Vorstellung z.B. der Organisatoren des Schülerfirmen-Projekts "Junior", doch würde ich mich mit allen zur Verfügung stehenden Mittel wehren, den AG-Mitgliedern Löhne auszuzahlen: Motiv, in der Bienen-AG mitzuarbeiten, sollte die Freude an den Bienen sein, nicht der Stundenlohn.

Statt dessen können sich über die Jahre akkumulierende Gewinne der Schulimkerei entweder der Schulgemeinschaft zugute kommen – möglicherweise gerade solchen AG's, die dringend Geld brauchen und kaum Verdienstmöglichkeiten haben. Eine andere Option ist die Investition innerhalb der Schulimkerei, z.B. für das parallele Arbeiten mit verschiedenen Beutenformen, die auch barrierefreies Imkern ermöglichen.

Vor einem Fehler muss allerdings strikt gewarnt werden: Erwartete Erträge dürfen nicht als allein tragender Pfeiler in die Planung der Schulimkerei eingeplant werden. Die Honigerträge schwanken von Jahr zu Jahr und auch von Imkerei zu Imkerei: Das Honigjahr 2013 war z.B. für unsere eigene Schulimkerei katastrophal und praktisch ein Totalausfall, während andere Imker – auch aus der Nachbarschaft – andere Erfahrungen gemacht haben. 2014 scheint wesentlich besser auszufallen. Eine alte Imkerweisheit besagt, der Imker solle stets noch eine Ernte im Keller und eine Ernte auf der Bank haben. Für Schulimkereien mit ihrer wechselnden Mannschaft und ihren ökonomisch nicht optimalen Rahmenbedingungen gilt dies umso mehr.

8.1 Das wichtigste Produkt einer Schulimkerei

Über einen zweiten, damit zusammenhängenden Punkt muss sich der Leiter einer Schulimkerei klar sein:

Das wichtigste Produkt einer Schulimkerei ist die Bildung von Menschen. Dies sollte bei der immer wieder nötigen Abwägung zwischen verschiedenen Prioritäten bedacht werden. Es geht nicht um die Optimierung des Honigertrags mit allen Mitteln, sondern immer auch um die Frage, welche Art von Tierhaltung die Teilnehmer lernen sollen – das betrifft primär Fragen des bienengemäßen Umgehens mit den Tieren. Es geht auch darum, von diesen Lernprozessen möglichst niemanden auszuschließen – das betrifft primär die Überlegungen zum "barrierefreien Imkern"

8 Produkte

im vorigen Kapitel. Nicht zuletzt geht es um die Verwendung der erwirtschafteten Erträge. In einer Schulimkerei können die Mitglieder die beglückende Erfahrung machen, *zu geben.*

8.2 Honig

Aus ökonomischer Sicht stellt der Honig das mit Abstand wichtigste Produkt einer Bienenhaltung dar. Man kann als Schulimkerei aufgrund der geringeren Ertragsoptimierung mit einem Durchschnittsertrag von ca. 15 kg pro Volk rechnen, wobei sich in den einzelnen Jahren extreme Schwankungen ergeben können. Wirtschaftlich orientierte Imker erzeugen wesentlich höhere Erträge, betreiben dafür aber auch einen wesentlich höheren Aufwand, als ihn das in dieser Anleitung vorgeschlagene Konzept bereitet: Z.B. wird eine Schulimkerei mit ihren Völkern keine besonders ergiebigen Raps- oder Waldtrachten anwandern, sondern die Bienen ganzjährig an ihrem Platz stehen lassen.

Bei einem ungefähren Preis von 5,- Euro pro 500gr.-Glas deckt der jährliche Honigertrag gut die Unkosten einer kleinen Imkerei mit zwei bis vier Völkern und erlaubt darüber hinaus noch kleine Freiräume für zusätzliche Investitionen.

8.2.1 Honiggewinnung

Nur reifen Honig ernten!
Das wichtigste Qualitätsmerkmal von Honig ist seine Reife, d.h. sein Wassergehalt. Der von den Bienen eingetragene Honig enthält wesentlich mehr Wasser als der fertige Honig. Das überschüssige Wasser wird von den Bienen extrahiert, indem sie ihn immer wieder aufnehmen und umlagern; gleichzeitig mit dem Wasserentzug erfolgt so die Anreicherung mit den honigtypischen Enzymen. Ein zu hoher Wassergehalt wirkt sich sehr negativ auf die Lagerfähigkeit des Honigs aus: Er beginnt rasch zu gären, was man an der Schaumbildung und dem besonders "blumigen", später deutlich alkoholischen Geruch wahrnehmen kann. Dann ist es freilich zu spät; gärender Honig eignet sich allenfalls noch zum Backen oder zur Produktion von Met. Für die Schulimkerei ist er praktisch wertlos.

Der Wassergehalt des Honigs muss, damit dieser verkaufsfähig ist, gemäß der Honigverordnung unter 20 Prozent liegen; die Qualitätsstandards des Deutschen Imkerbundes schreiben maximal 18 Prozent Wassergehalt vor. Liegt der Wassergehalt höher, muss der Honig den Bienen belassen werden, damit diese ihn weiter bearbeiten.

Wie lässt sich die Erntereife des Honigs bestimmen? Es gibt zwei Wege:

Mit einem Refraktometer gestaltet sich die Messung des Wassergehaltes ganz unproblematisch – der Wert wird einfach an einer Skala abgelesen. Der gemessene Wassergehalt ist sehr exakt, das Verfahren von der Erfahrung des Imkers unabhängig und deshalb für Schüler sehr geeignet.

8.2 Honig

Wenn der Honig beim Abfließen aus der Schleuder auf dem Sieb solche "Treppchen" bildet, ist sein Wassergehalt niedrig genug Abb.: thm

Das Entdeckeln der Honigwaben ist relativ zeitintensiv und kann leicht zum "Nadelöhr" der gesamten Honigernte werden. Abb.: thm

Ohne Refraktometer ist die Sache schwieriger: Zunächst werden bevorzugt solche Waben geerntet, die überwiegend bereits gedeckelt sind. Der hier eingelagerte Honig wird von den Bienen selbst als lagerfähig angesehen; sein Wassergehalt ist in aller Regel ausreichend niedrig. Bei offenen Waben wendet man die sog. "Spritzprobe" an: Schlägt man gegen die Wabe, während man sie mit der anderen Hand frei in der Luft hält, dürfen keine Honigtröpchen herausspritzen, denn trockener Honig ist zähflüssiger als feuchter. Derartige Verfahren setzen Erfahrungswissen des Imkers voraus und liefern niemals ein exaktes Messergebnis.

In beiden Fällen muss man darauf achten, dass man die Reife des Honigs anhand einer Wabe vom Rand des Honigraums beurteilt, denn Randwaben werden in aller Regel von den Bienen später genutzt als Waben in der Mitte; sie enthalten deshalb den feuchteren Honig. Ist Randwabenhonig trocken genug, gilt dies auf jeden Fall auch für den Honig der übrigen Waben.

8 Produkte

Honigernte

Auch die Vorgehensweise bei der eigentlichen Entnahme der Honigwaben aus der Beute wird wesentlich durch das Vorhandenseins eines kleinen Helferleins bestimmt:

Mit Bienenflucht: Die Bienenflucht ist in einen Zwischenboden montiert und dient dazu, den Bienen das Verlassen des Honigraums in Richtung Brutnest und Königin zu erlauben, sie aber an der Rückkehr zu hindern. Zunächst wird der Honigraum abgenommen und am besten ein zweiter, bereits ausgeschleuderter oder mit Mittelwänden versehener Honigraum aufgesetzt, um den Bienen die nahtlose Weiterarbeit zu ermöglichen. Dann wird der Zwischenboden mit der Bienenflucht aufgelegt und darauf der zu erntende Honigraum gesetzt. Binnen etwa eines Tages ist der Honigraum praktisch bienenleer und kann einfach abgehoben und in den Schleuderraum getragen werden.

Ohne Bienenflucht kommt man mit den Bienen näher in Berührung. Am einfachsten geht man so vor: Die Waben werden einzeln gezogen und die ansitzenden Bienen mit dem Bienenbesen vor das Flugloch gekehrt. Gibt man sie direkt wieder in den Honigraum zurück, nimmt man einige von ihnen wiederholt heraus und kehrt sie ab – eine Prozedur, die auch die sanftmütigsten Bienen irgendwann stechlustig macht. Die bienenleeren Waben werden am besten in eine mitgebrachte Zarge mit Deckel und Boden (Flugloch verschließen!) gestellt, denn sie locken die Bienen naturgemäß geradezu magisch an.

Voraussetzung für das einfache Ernten der Honigwaben ist im übrigen der Einsatz eines Absperrgitters. Will man dieses vermeiden – etwa aus Erwägungen zur "wesensgemäßen Bienenhaltung" gemäß den Demeter-Richtlinien heraus – muss man die einzelnen Waben nach dem Vorhandensein von Brut absuchen. Diese Waben scheiden natürlich als Honiglieferanten aus.

Verarbeitung des Honigs

Zur Extraktion des Honigs aus den Waben benutzt man am besten eine Schleuder – dies setzt freilich die Verwendung von Rähmchen in der Bienenbeute (Mobilbau) voraus. Anhänger der top-bar-hive und Bienenkiste müssen auf Verfahren wie das Pressen und Aussieben der Waben zurückgreifen. Entsprechende Anleitungen finden sich im Internet.

Die Waben werden ausgeschleudert (s. Seite 81), der extrahierte Honig am besten direkt aus der Schleuder durch ein Doppelsieb gelassen.

Nachdem er das Sieb passiert hat und Zeit hatte, sich zu klären – d.h., dass sich Luftbläschen, die durch die Schleuderung entstanden sind, nach oben abgesetzt haben – , ist der Honig direkt abfüllbereit. Er wird allerdings nach einer gewissen Zeit, die je nach Honigart stark unterschiedlich ausfällt, seine flüssige Konsistenz verlieren und auskristallisieren. Die meisten Kunden empfinden das Festwerden des Honigs als Nachteil. Man kann den Honig in eine feinkristalline, streichfähige Form bringen, indem man ihn nicht direkt in die Gläser abfüllt, sondern zunächst in einem großen Gefäß belässt, bis sich erste Ansätze zur Kristallisierung zeigen. Dann wird der Honig mehrfach gerührt, wozu sich am besten ein klassischer Stampfer aus dem Imkerfachhandel eignet – v.a. im Kontext einer Schulimkerei, wo Muskelkraft eine preiswerte Ressource darstellt. So behandelter Honig behält seine feinkristallin-streichfähige Struktur.

Das Entscheidende bei der Honigproduktion ist der Grundatz: Dem Honig keine Stoffe hinzufügen und keine entziehen – Honig ist ein völlig naturbelassenes Produkt. Dies muss man bedenken, wenn man über neue modische Geschmacksnuancen im Zusammenhang mit Honig nachdenkt: Das mögliche Ergebnis Ihrer Gourmet-Kreativität ist kein "Chili-Honig", sondern eine "Honigzubereitung mit Chili".

Hygiene bei der Honigernte
Grundsätzlich ist Honig – etwa im Vergleich zu Fleisch- und Wurstwaren – aus lebensmittelhygienischer Sicht wenig problematisch. Der hohe Zuckergehalt reicht als Konservierungsmittel völlig aus, wenn der Wassergehalt korrekt beachtet wurde. Dennoch sollte man bedenken:

Eine Schulimkerei produziert Honig, der später zum Verkauf angeboten wird. Dies macht es notwendig, sorgfältig auf die Hygienestandards bei der gesamten Verarbeitungskette – Behandlung der Honigwaben, Entdeckelung, Schleuderung, Lagerung, Abfüllung, Sauberkeit der Gläser – zu achten und dies mit den Schülern auch zu thematisieren.

8.2.2 Gestaltung der Honigetiketten

Eine Schulimkerei muss wie jeder andere Imker hinsichtlich der Vermarktung des Honigs zunächst eine Grundsatzentscheidung treffen: Wird der Honig im Einheitsglas des Deutschen Imkerbundes vermarktet oder in einem sog. Neutralglas mit selbstgestaltetem Etikett?

Das Einheitsglas des DIB ist eine seit den 1920er Jahren in Verbindung mit der Bezeichnung "Echter Deutscher Honig" fest etablierte und rechtlich geschützte Marke. Honig unter dieser Etikettierung unterliegt strengeren Standards, als ihn die Honivgverordnung vorgibt: Er darf z.B. nur 18 Prozent (statt 20) Wasser enthalten. Die Verwendung des Markenzeichens ist nur Imkern gestattet, die zuvor an einer sog. Honigschulung des DIB teilgenommen haben. Im Falle der Schulimkerei reicht natürlich die Teilnahme des AG-Leiters; übrigens ist die Teilnahme jedem unbedingt zu empfehlen, auch wenn man von dem Markenzeichen keinen Gebrauch machen will. All dies definiert den "Echten Deutschen Honig" zu einer Qualitätsmarke mit Premium-Charakter. Doch sollen die Nachteile nicht verschwiegen werden: Die Gestaltung lässt nur äußerst geringe individuelle Spielräume zu; die Ästhetik des DIB-Glases wirkt zwar ausgesprochen klassisch, die Etiketten muten hingegen manchem Betrachter doch recht antiquiert an.

Neutrale Gläser mit eigenem Etikett lassen hingegen dem Gestalter – innerhalb des gesetzlichen Rahmens, s.u. – alle Freiräume zu individueller Gestaltung.

8 Produkte

Auch die Kreativität der Schüler kann hier zum Tragen kommen. Andererseits trägt der Imker so auch mehr Verantwortung: für die rechtliche Korrektheit seines Etiketts – wie auch die ästhetische.

Notwendige Angaben auf einem vorschriftsmäßigen Honigetikett
Viele Schulen organisieren Adventsbasare oder Schulfeste, auf denen von den Schülern produzierte Lebensmittel verkauft werden. Häufig genügen die angebotenen Erzeugnisse in mancher Hinsicht nicht den Vorgaben des Lebensmittelrechts. Zum Problem wird das dann, wenn ein Kontrolleur des Gesundheitsamtes erscheint – kein ganz seltenes Szenario.

Eine Schulimkerei sollte unbedingt darauf achten, den eigenen Honig mit einem Etikett zu versehen, das den verschiedenen Bestimmungen – Honigverordnung, Lebensmittelkennzeichnungsverordnung, Fertigpackungsverordnung, Eichgesetz – genügt.

Damit ergeben sich eine Reihe notwendiger Angaben:

Produktbezeichnung: Verpflichtend ist die Angabe "Honig", diese kann mit näheren Ergänzungen wie "Blütenhonig" oder "Schleuderhonig" versehen werden. Auch Angaben zur regionalen Herkunft sind möglich: "Berliner Honig", "Blütenhonig aus der Biosphäre Bliesgau". Problematisch sind Sortenangaben wie "Lindenhonig", denn dann muss tatsächlich der überwiegende Anteil des Honigs aus der angegebenen Sorte bestehen, was sich eigentlich nur durch eine Laboranalyse belegen lässt, wenn man nicht gezielt Massentrachten wie Rapsfelder anwandert. Beides lohnt sich kaum für eine Schulimkerei.

Gewicht: Es ist verpflichtend, das Gewicht (richtiger: die Masse) des Honigs auszuweisen, eine Angabe etwa in Millilitern ist nicht erlaubt. Das angegebene Gewicht darf nicht unterschritten werden; es empfiehlt sich, ein wenig mehr einzuwiegen, um auch bei einer Ungenauigkeit der Waage keine Probleme zu bekommen. Nimmt man die Gesetzeslage ganz ernst, muss man eigentlich eine geeichte Waage benutzen.

Mindesthaltbarkeitsdatum: Der Lebensmittelhersteller legt einen Zeitpunkt fest, bis zu dem er die uneingeschränkte Verwendbarkeit seines Produktes garantieren muss. Honig ist i.d.R. gut anderthalb Jahre problemlos haltbar. Das Datum sollte tagesgenau angegeben sein, dann kann die Angabe einer Losnummer entfallen. Anzugeben ist die Formulierung: "Mindestens haltbar bis:", Abkürzungen wie "MHD" sind nicht zulässig.

Losnummer: Wird das Mindesthaltbarkeitsdatum nicht tagesgenau angegeben, muss eine eindeutige Bezeichnung der Charge angegeben werden, aus der der Honig stammt – also praktisch eine Nummerierung der verschiedenen Schleuderungen.

Angabe des Herstellers / Imkers: Als Hersteller eines Lebensmittels muss man zu seinem Produkt stehen. Die Schule oder der betreuende Lehrer müssen mit voller Postanschrift angegeben werden.

Herkunftsland: Auch wenn die Produktbezeichnung z.B. "Berliner Blütenhonig" lautet, ist die Ergänzung "Herkunftsland Deutschland" verpflichtend.

Zulässige und unzulässige Zusatzangaben: Erlaubt sind Zusatzangaben zur Herstellungsweise etc., um die besondere Qualität des Honigs hervorzuheben. **Unzulässig** sind Aussagen zur medizinischen Wirksamkeit des Honigs: Honig ist ein Lebens-, und kein Arzneimittel! Des weiteren ist die Angabe "Echter Deutscher Honig" ein eingetragenes Warenzeichen des Deutschen Imkerbundes. Ihre Verwendung ist nur zulässig, wenn der Imker dem DIB angehört und der Honig im "Gewährverschluss" des DIB vermarktet wird – und natürlich den entsprechenden Qualitätsanforderungen entspricht. Dringend muss man davor warnen, die Begriffe "Bio", "biologisch" oder "ökologisch" zu gebrauchen, wenn man nicht ein durch eine entsprechende Zertifizierungsstelle im Sinne der EU-Bio-Verordnung zertifiziert worden ist. Hier droht empfindliches juristisches Ungemach. Auch wird Honig nicht schon dadurch "biologisch-dynamisch", dass er an einer Waldorfschule erzeugt wurde.

8.3 Bienenwachs

Im Vergleich zum Honig spielt die Wachsproduktion für die Ertragslage einer Schulimkerei praktisch keine Rolle; die anfallenden Mengen sind viel zu gering. Auch ist das selbstproduzierte Wachs viel zu schade, um daraus etwa Kerzen herzustellen. Vielmehr wird man das eigene, garantiert von Varroa-Behandlungsmittelrückständen freie Bienenwachs primär für die Produktion von neuen Mittelwänden verwenden wollen. Der sog. eigene Wachskreislauf sollte das Ziel einer Schulimkerei sein: Es müssen keine Mittelwände eingekauft werden, sondern der jährliche Bedarf kann aus dem eigenen Wachs gedeckt werden. Bis dahin ist es allerdings ein ziemlich weiter Weg.

Will man – etwa auf einem Adventsbasar o.ä. – Kerzen ziehen oder aus Mittelwänden rollen, empfiehlt es sich, das benötigte Wachs einzukaufen. Diese Mittelwände müssen auch nicht rückstandsfrei sein – sie dürfen dann nur nicht mit denjenigen verwechselt werden, die im Bienenvolk zum Einsatz kommen sollen.

8.4 Pollen

Zwei weitere Produkte der Bienen werden zunehmend nachgefragt: Pollen und Propolis. Ihre Erzeugung kann für eine Schulimkerei ein reizvolles Betätigungsfeld sein, doch sind weitergehende Informationen nötig – entsprechende Fachliteratur ist dringend empfehlenswert.

8 Produkte

Der von den Bienen eingetragene Blütenstaub kann mit Hilfe einer sog. "Pollenfalle" genutzt werden: Diese wird vor dem Flugloch angebracht; die Bienen müssen ein relativ enges Gitter passieren und verlieren dabei einen Teil der eingetragenen Pollenhöschen, die in der Pollenfalle gesammelt werden. Dabei muss man beachten, dass genügend Pollen für die Aufzucht der Jungbienen übrig bleiben.

Der geerntete Pollen schimmelt leicht; er muss schnell getrocknet und weiterverarbeitet werden.

8.5 Propolis

Propolislösungen und -tinkturen erfreuen sich relativ großer Beliebtheit. Dabei handelt es sich um das von den Bienen eingetragene Baumharz, das diese zum Verkitten kleinerer Öffnungen in der Bienenwohnung verwenden. Propolis lässt sich durch spezielle Gitter ernten, die von den Bienen mit Propolis abgedichtet werden. Legt man die Gitter in die Tiefkühltruhe, so wird das Harz porös und splittert leicht ab, wenn man das Gitter biegt. Die Propolis-Bruchstücke werden in Alkohol gelöst.

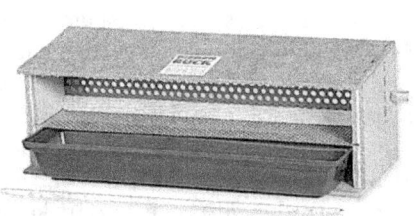

Eine Pollenfalle wird vor dem Flugloch angebracht. Abb.: www.bienen-ruck.de

Die Öffnungen im Propolisgitter dürfen nicht zu groß sein, sonst verbauen die Bienen sie nicht mit Propolis, sondern mit Wachs. Abb.: www.bienen-ruck.de

9 Kosten und Ideen zur Finanzierung

Eine schulische Bienenhaltung kann ihren eigenen Unterhalt und auch – in gewissem Rahmen – Überschüsse erwirtschaften. Das Problem ist, die relativ hohen Kosten beim Einstieg in die Bienenhaltung zu stemmen. Doch auch hierbei hat eine (zukünftige) Schulimkerei einige Pluspunkte zu verbuchen, die es zu nutzen gilt:

Bienenhaltung ist öffentlichkeitswirksam und sympathieträchtig, deshalb stellt bei der Vorbereitung einer künftigen Schulimkerei eine optimale Presse- und überhaupt Öffentlichkeitsarbeit den Dreh- und Angelpunkt der Arbeit des Lehrers dar.

Ein Detail ist wichtig: Es geht darum, auch und gerade alternde Imker als Spender zu aquirieren, deshalb darf man auf keinen Fall ausschließlich auf online-Medien setzen, sondern bezieht am besten die örtliche Lokalzeitung mit ein.

Mit Hilfe der lokalen Presse sollte man über alles mögliche im Zusammenhang der Schulbienenhaltung berichten: den Plan zur AG-Gründung, die vollzogene AG-Gründung oder die Aufstellung des ersten Bienenvolks. Weitere Artikelvorschläge: "Was macht die AG im Winter?" – "Imker-AG übernimmt Völker von gebrechlichem Bienenvater" – "Wie kamen die Bienen durch den Winter?" – "Wie ist der Sommer für die Bienen?" – "Wie war die Honigernte?" Der

Aus dem Schullogo wird ein Schulimkerei-Logo gebastelt.

Phantasie sind nur weite Grenzen gesetzt, Lokalzeitungen in der Regel für praktisch jeden vorformulierten Artikel dankbar...

9.1 Augen auf bei gebrauchten Ausstattungsgegenständen

Erfahrungsgemäß erhält eine in der lokalen Öffentlichkeit präsente Bienen-AG zahlreiche Angebote von Imkern, die oft aus Altersgründen ihre Bienenhaltung aufgeben wollen, und der Schule Bienenvölker und Ausstattungsmaterial sehr preiswert oder auch kostenlos anbieten wollen. Doch – so hochherzig solche Angebote auch gemeint sein können – sollte man einiges bedenken:

Oft hat der bisherige Besitzer schon seit Jahren schrittweise sein imkerliches Engagement zurückgefahren. Oftmals sind solcherart übernommene Bienenvölker wenig gepflegt und insbesondere die Varroabehandlung ist nicht auf dem neuesten Stand durchgeführt worden. Beuten und andere Materialien sind oftmals veraltet. Der Ausspruch, dass man dem geschenkten Gaul nicht ins Maul schauen solle, gilt für das Gebiet der Imkerei jedenfalls nur bedingt.

Möglicherweise empfiehlt es sich, einen erfahrenen Imker zu einer eventuellen Übernahme mitzunehmen. Muss man allein entscheiden, sollte man folgende Punkte unbedingt bedenken:

Bienen sollten über ein aktuelles Gesundheitszeugnis verfügen, das durch die Sachverständigen der Imkervereine ausgestellt wird. Sicherheit darüber, dass das Volk frei von den Sporen des Erregers der Amerikanischen Faulbrut ist, liefert das Ergebnis einer Futterkranzprobe. Wie sieht es mit dem Sanftmut der Bienen aus?

Bienenbeuten: Passen die Beuten hinsichtlich des Rähmchenmaßes zur übrigen, ggf. schon vorhandenen Ausstattung? Eine neu beginnende Bienenhaltung sollte nicht ohne guten Grund mit einem exotischen Rähmchenmaß beginnen. Wie ist der Erhaltungszustand? Kann ausgeschlossen werden, dass die Beuten Sporen der amerikanischen Faulbrut enthalten? Entsprechen die Beuten hinsichtlich ihrer Konstruktionsweise aktuellen Anforderungen: Haben sie einen offenen Gitterboden? Lässt sich eine Diagnosewindel zur Varroa-Kontrolle einführen? Nur wenn *alle* Fragen mit einem deutlichen "ja" beantwortet werden können, sollte mit gebrauchten Beuten weitergearbeitet werden.

Honigschleuder: Gemäß den Richtlinien zur Lebensmittelhygiene müssen Honigschleudern aus Edelstahl gefertigt sein, wenn der Honig in Verkehr gebracht werden soll. Ältere Modell bestehen oft aus verzinntem und/oder lackiertem Blech. Sie eignen sich bestenfalls als Dekorationsstück.

Sonstiges Material: Smoker etc.: Hier kann man weniger falsch machen, zumal sich z.B. ein Smoker, der sich als unpraktisch erwiesen hat – weil er etwa zu klein ist und deshalb schnell erlischt – ohne größere Folgeprobleme ersetzt werden kann.

Honiggläser: Vor der Übernahme größerer Mengen von Honiggläsern sollte bedacht werden, dass das sog. "Einheitsglas" des Deutschen Imkerbundes nur verwendet werden darf, wenn der Imker eine entsprechenden Lehrgang des DIB absolviert hat und auch die Deckeleinlagen und Etiketten des DIB verwendet werden. Eine eigene Etikettengestaltung ist nur bei Verwendung von Neutralgläsern möglich; umgekehrt dürfen die Etiketten des DIB nur auf dem originalen DIB-Glas verwendet werden.

9.2 Kosten sparen durch Beutenselbstbau und Geräte-Ausleihe

Eine Honigschleuder ist nur an sehr wenigen Tagen im Einsatz. Meist findet sich ein benachbarter Imker, der seine Schleuder und das übrige Werkzeug zur Honigernte (zumindest in den ersten Jahren) zur Verfügung stellt und evtl. sogar bei der fachmännischen Honigernte mithilft.

Ein Transformator zum Einlöten der Waben muss möglicherweise nicht angeschafft werden, wenn für das Fach Physik bereits ein entsprechend belastbarer Transformator vorhanden ist – das dürfte in den meisten Schulen der Fall sein.

Inzwischen gibt es ausgereifte Bausätze für Bienenbeuten; ihr Zusammenbau bietet sich v.a. während der Wintermonate an und spart 30 bis 50 Prozent der Kosten.

9.3 Anfangskosten einer Schulbienenhaltung

Was kommt nun an Anfangskosten auf die Schulgemeinschaft zu?

Folgende Kalkulation für eine Schulimkerei mit zwei Völkern geht davon aus, dass die Bienen als Ableger kostenlos zur Verfügung gestellt werden, eine Honigschleuder ausgeliehen werden kann und ein geeigneter Transformator zum Einlöten der Mittelwände bereits vorhanden ist.

2 Hohenheimer Einfachbeuten nach Dr. Liebig	240,–
2 Blechabdeckungen	30,–
2 Königinnenabsperrgitter	30,–
60 Zanderrähmchen fertig gedrahtet	90,–
3 kg. Mittelwände	60,–
Smoker	30,–
Stockmeißel	10,–
Gesamtkosten:	490,–

Außerdem werden Bienenschleier als Stichschutz benötigt; hierfür muss man ca. 30 Euro pro Teilnehmer ansetzen. Empfehlenswert ist es, die Bienenschleier durch die AG-Mitglieder privat anschaffen zu lassen; erfahrungsgemäß gehen diese mit ihrem Privateigentum wesentlich sorgsamer um.

9.4 Wer zahlt? Ideen zur Re-Finanzierung der Schulbienenhaltung

Hört man sich im Vorfeld etwas um und macht eine gute Pressearbeit, finden sich meist Institutionen, die einer im Entstehen begriffenen Schulimkerei wesentlich unter die Arme greifen:

9 Kosten und Ideen zur Finanzierung

- In der Regel hat der Förderverein der Schule ein offenes Ohr – aber auch ein begrenztes Budget.

- Viele Landkreise unterhalten eine Imkerförderung, die Zuschüsse in Höhe von 250,– bis 500,– Euro gewährt. Von Kreis zu Kreis unterscheiden sich die Höhe sowie die genauen Förderbedingungen.

- Viele Sparkassen, Banken und Wirtschaftsunternehmen unterhalten Stiftungen, die oftmals auch größere Beträge zu spenden bereit sind. Im Gegenzug wird die Schulimkerei für deren Marketing genutzt.

Es ist stets ein entscheidender Faktor beim Wettbewerb um Fördergelder, dass eine Schulimkerei darauf verweisen kann, dass sie im Unterschied zu den meisten anderen Bildungsangeboten einer Schule künftig Gewinne erwirtschaften wird und deshalb entstehende Folgekosten selbst tragen kann. Haupteinnahmequelle ist natürlich der Honigverkauf, für den sich vielfältige Möglichkeiten bieten:

- Honigverkauf auf Schulfest, am Tag der offenen Tür etc.,

- Verkaufsschrank im Schulfoyer (Achtung! Die Sicherheitsbestimmungen für Möbel in Schulfluren sind z.T. geradezu grotesk.),

- Schulhonig als offizielles Geschenk der Schule zu vielen Anlässen.

10 Glossar

Imker benutzen eine ausgeprägte Fachterminologie, deren Vermittlung auch an die AG-Teilnehmer sinnvoll ist.

Absperrgitter: Metallgitter, das nur Arbeiterinnen passieren können, nicht die größere Königin. Eingelegt zwischen Brut- und Honigraum verhindert es, dass auf den Honigwaben Eier abgelegt werden.

Ameisensäure: wirksames Mittel zur Bekämpfung der Varroa-Milbe im Sommer

Baurahmen: ein Rähmchen ohne Mittelwand, wird von den Bienen meist mit Drohnenbau ausgebaut. Entnimmt der Imker diese, bevor die Drohnen schlüpfen, ist dies eine wichtige biotechnische Maßnahme zur Bekämpfung der Varroa-Milbe

bee space: Befinden sich zwischen den einzelnen Bauteilen der Beute ca. 5-10 mm Platz, werden diese von den Bienen nicht verbaut: Der Abstand ist zu groß zum Verkitten mit Propolis und zu klein zum Verbauen mit Wabenbau aus Wachs. Die Einhaltung des *bee space* durch den Beutenbauer ermöglicht erst die Haltung der Bienen im Mobilbau.

Beute: Fachwort für den Bienenkasten

Bienenflucht: Eingelegt zwischen Brut- und Honigraum, sorgt eine Bienenflucht binnen ca. 24 Stunden dafür, dass der Honigraum bienenleer wird. Durch die spezielle Konstruktion (es gibt verschiedene Modelle) können die Bienen die Bienenflucht nur in einer Richtung passieren. Sie suchen in regelmäßigen Abständen den Kontakt zur Königin und finden dann nicht mehr zurück in den Honigraum.

Carnica: in Deutschland weitverbreitete Bienenrasse, *apis mellifica carnica*.

Drohne: männliches Geschlechtstier

Drohnenbau: Zellen im Durchmesser von ca. 7 mm, die die Königin mit unbefruchteten Drohneneiern bestiftet.

drohnenbrütig: Zu unterscheiden sind zwei Szenarien, in denen ein Volk nur noch in der Lage ist, Drohnen aufzuziehen: (a) Der Spermavorrat, den die Königin von ihrem Begattungsflug mitgebracht hat, ist aufgebraucht. (b) Es ist schon längere Zeit keine Königin mehr im Volk; das Fehlen der Pheromone führt dazu, dass einzelne Bienen (die sog. Drohnenmütterchen) selbst Eier legen.

10 Glossar

Drohnenmütterchen: Arbeitrinnen können, wenn ihre Reproduktionsfähigkeit nicht durch die von der Königin abgegebenen Pheromone unterdrückt wird, selbst Eier legen. Da die Arbeiterinnen aber nicht begattet wurden, können sie nur den haploiden Chromosomensatz vererben – aus ihren Eiern können nur Drohnen schlüpfen. Drohnenmütterchen dürfen nicht in ein fremdes Volk gegeben werden (etwa bei der Auflösung eines Volkes), da sie sonst für die dortige intakte Königin eine große Gefahr darstellen. Deshalb drohnenbrütige Völker immer abschütteln; die Wächterbienen hindern die Drohnenmütterchen am Einzug.

Einbetteln: Bienen aus aufgelösten Völkern und Flugbienen, die nicht mehr nach Hause finden (etwa, weil ihr Volk verstellt wurde), werden bei anderen Völkern aufgenommen. Die Aufnahme klappt besser, wenn die Honigblase gefüllt ist.

gelée royale: dt. Königinnenfuttersaft, spezielles Futter, das dazu führt, dass aus einer jungen Made keine Arbeiterin, sondern ein vollausgeprägtes weibliches Geschlechtstier wird

Hinterbehandlungsbeute: Ältere Bauart von Bienenkästen, vorwiegend zur Verwendung im Bienenhaus.

Kaltbau: Anordnung der einzelnen Waben in der Beute in einem Winkel von 90 Grad zum Flugloch

Magazinbeute: Zusammensetzung eines Bienenkastens aus einzelnen, austauschbaren Elementen: Bodenkonstruktion, Zarge(n), Deckel.

Mobilbau: Die Bienen bauen ihre Waben in Holzrähmchen, die in der Bienenbeute hängen. Die Rähmchen können einzeln entnommen werden, ohne den Wabenbau der Bienen zu zerstören. Im Lauf der Zeit haben sich verschiedene Rähmchenmaße etabliert, die meist nach ihren Entwicklern benannt werden: Deutsch-Normal-Maß, Zander-Maß, Langstroth-Maß, Dadant-Maß, Kuntzsch-Maß ...

Nachschaffungskönigin: Königin, die von den Bienen aus jüngster Arbeiterinnebrut nachgezogen wurde, weil die alte Königin (z.B. durch einen Eingriff des Imkers) verloren gegangen ist.

Nachschwarm: Schwarm, der mit einer unbegatteten Königin ausgezogen ist; Nachschwäme sind deutlich kleiner als der Vorschwarm.

Oxalsäure: wirksames Mittel zur Bekämpfung der Varroa-Milbe im Winter.

Pheromone: Chemische Stoffe, die die Königin abgibt, um den Zusammenhang eines Bienenvolkes zu konstituieren.

Refraktometer: Optisches Gerät zur Bestimmung des Wassergehaltes von Honig

Schröpfen: Entnahme von Brutwaben aus einem starken Volk, um die Schwarmneigung zu dämpfen. Aus den so entnommenen Waben lassen sich Brutableger bilden.

Schwarmzellen: Von den Bienen angelegte Königinnenzellen, bevor die alte Königin mit ca. der Hälfte der Bienen als Schwarm auszieht.

Stabilbau: Die Bienen bauen ihre Waben fest an die Wand ihrer Behausung. Honigentnahme etc. sind nur möglich, wenn man Waben ausbricht.

Tracht: von den Bienen erreichbare, nektar- und pollen spendende Blüten bzw. Blattläuse

Varroa: ab ca. 1980 eingeschleppter Parasit, ca. 1 mm große Milbe, saugt auf Bienenmaden und erwachsenen Bienen.

Vorschwarm: Bienenschwarm mit der alten, begatteten Königin. Vorschwärme sind meist sehr vital und leistungsstark.

Warmbau: Anordnung der einzelnen Waben in der Beute parallel zum Flugloch

Weisel: anderes Wort für Königin

Weiselprobe: Zuhängen einer Wabe mit jüngster Arbeiterinnenbrut in ein anderes Volk. Wenn die Bienen Nachschaffungszellen anlegen, heißt dies, dass das Volk weisellos ist.

weiselrichtig: ist ein Volk, das eine Königin hat, die den Begattungsflug erfolgreich absolviert hat und deshalb befruchtete Eier legt.

Windel: Herausziehbare Plastikplatte im Boden der Beute; das sich auf ihr sammelnde Gemüll erlaubt wichtige Rückschlüsse auf den Zustand des Volkes und die Belastung mit Varroamilben.

Zarge: Einzelne Etage einer Magazinbeute.

10 Glossar

11 Unterstützung, Vernetzung, Weiterbildung

11.1 Der Deutsche Imkerbund

Wer eine schulische Bienenhaltung betreibt, sollte unbedingt Mitglied im Deutschen Imkerbund (DIB) sein. Dies hat mehrere Gründe: Zunächst ist mit der Mitgliedschaft eine Versicherung verbunden, die den Imker zum einen gegen Haftungsansprüche anderer absichert – denn der Imker haftet für die durch seine Tiere verursachten Schäden –, zum anderen bietet der Versicherungsschutz eine Absicherung der eigenen Tiere gegen Vandalismus und Vergiftungen. Der jährliche Mitgliedsbeitrag ist sehr moderat.

Der Deutsche Imkerbund ist eine hierarchisch aufgebaute Organisation; der DIB selbst besteht lediglich aus den Landesverbänden (nicht immer mit den heutigen Bundesländern identisch), die sich weiter auf Kreis- und Ortsebene untergliedern. Mit der Mitgliedschaft im örtlichen Imkerverein ist die Mitgliedschaft im DIB verbunden.

Die Mitgliedschaft im DIB ist selbstverständlich auch Voraussetzung, den eigenen Honig unter dem Warenzeichen "Echter Deutscher Honig" im sog. Einheitsglas des DIB zu vermarkten. Außerdem ist die Mitgliedschaft im örtlichen Imkerverein dringend zu empfehlen, um Kontakte zu örtlichen Imkerkollegen knüpfen zu können, die in aller Regel von der Idee einer Schulbienenhaltung begeistert sind.

Ein wichtiger Hinweis: Es reicht nach Auskunft des DIB aus, wenn der AG-Leiter selbst Mitglied ist; es ist nicht nötig, für die Schule eine Art institutioneller Mitgliedschaft zu haben.

11.2 Netzwerk Bienen machen Schule

Der anthroposophisch ausgerichtete Verein "Mellifera – Verein für wesensgemäße Bienenhaltung" betreibt die Lehr- und Versuchsimkerei Fischermühle in der Nähe von Tübingen. Hier wurde die "Einraumbeute" entwickelt und seit Beginn der Bedrohung durch die Varroamilbe intensiv an alternativen Behandlungsformen (Ameisensäure, Oxalsäure) geforscht. An der Fischermühle werden hervorragende Kurse zur "wesensgemäßen Bienenhaltung" angeboten. Der Blick richtet sich sehr stark auf die – vielleicht manchmal etwas übertriebenen? – Bedürfnisse des Organismus Bienenwesen, die Haltung gegenüber anderen Meinungen und Bienenhaltungskonzepten ist vielleicht nicht immer ganz objektiv.

11 Unterstützung, Vernetzung, Weiterbildung

Neuerdings propagiert Mellifera für private Bienenhalter, bei denen es nicht primär um den Honigertrag geht, stark die Bienenkiste.

Für Lehrkräfte besonders ist das von Mellifera initiierte Netzwerk "Bienen machen Schule", in dessen Rahmen bereits mehrere Tagungen organisiert wurden; ihre Ergebnisse sind publiziert (vgl. Literaturangaben).

Teil des Internet-Angebots von Mellifera ist die netzbasierte Schwarmbörse zur Vermittlung von Bienenschwärmen, denn das Imkern mit dem Schwarmtrieb ist Kernbestandteil aller Konzepte zur "wesensgemäßen Bienenhaltung".

11.3 Schülerfirmen-Programme

Eine Schulimkerei erzeugt durch den Honigverkauf Einnahmen und muss beständig Ausgaben tätigen: Für die Winterfütterung, für Varroa-Behandlungsmittel und sonstige Ausstattungsgegenstände. Die Wunschliste eines Imkers ist selten leer.

Es ist deshalb eine sehr naheliegende Überlegung, eine Schulimkerei als "Schülerfirma" zu führen und den Teilnehmern so eine zusätzliche grundlegende ökonomische Qualifizierung zukommen zu lassen. Gleichzeitig stellt die Mitarbeit in einer Schülerfirma für die Schüler bei späteren Bewerbungen um einen Ausbildungsplatz einen deutlichen Pluspunkt dar.

junior-Programm
Hierbei handelt es sich um das älteste und bekannteste Schülerfirmenprogramm; es wird organisiert vom Institut der deutschen Wirtschaft, Köln. Teilnahmebestätigungen und Zertifikate des junior-Programms haben den Vorteil, dass sie bei Personalentscheidern in der Wirtschaft hohe Bekanntheit genießen. Der Nachteil des junior-Programmes ist die geringe Ausrichtung an Kriterien wie Umweltpädagogik und Nachhaltigkeit.

Infos im Internet: http://www.juniorprojekt.de

Nachhaltige Schülerfirmen
Diese Manko greift das Konzept der "nachhaltigen Schülerfirma" auf, das von der Universität Berlin wissenschaftlich begleitet wird. Teil des Angebotes ist eine umfangreiche Online-Plattform mit Foren und Hilfsmitteln zur Organisation (Kalender, Buchführung etc.).

Infos im Internet: http://nachhaltige-schuelerfirmen.de und http://www.nasch-community.de

12 Literaturhinweise

Wer sich selbständig in die Thematik Bienenhaltung/Imkerei einarbeiten will, greift zu Anfang am besten auf eins der folgenden vier Bücher zurück:

- Kaspar Bienefeld, Imkern Schritt für Schritt, Kosmos-Verlag 2005, 96 Seiten, 14,95 Euro.
  (Speziell für Jugendliche verfasst, im Kooperation mit der NAJU erarbeitet, oftmals Grundlage für die Arbeit unserer AG.)

- Friedrich Pohl, 1mal1 des Imkerns, Kosmos-Verlag (2. Aufl.) 2009, 130 Seiten, 19,95 Euro.
  (didaktisch sehr gelungene Erklärung aller grundlegenden imkerlichen Arbeitsweisen, schlicht das Alltagshandbuch für Hobby-Imker)

- Gerhard Liebig, Einfach Imkern. Leitfaden zum Bienenhalten, Selbstverlag (3. Aufl.) 2001, 226 Seiten, 19,80 Euro.
  (Im wesentlichen die Bibel für die in unserer AG praktizierte Art der Bienenhaltung; Grundlage der in dieser Anleitung propagierten Bienenhaltung. Zusätzliche aktuelle Infos auf: http://www.immelieb.de.*)*

- Armin Spürgin, Die Honigbiene. Vom Bienenstaat zur Imkerei, Ulmer (2. Aufl.) 2008, 126 Seiten, 9,90 Euro.
  (weniger eine Arbeitsanleitung, eher Hintergrundinformationen zur Biologie der Bienen sowie zur Bienenhaltung allgemein)

- Bienen machen Schule. Mit Kindern und Jugendlichen die Welt der Bienen entdecken. Das Handbuch, Mellifera e.V. 2011, 120 Seiten, Bezug über http://www.mellifera.de.
  (Zahlreiche innovative Beiträge zu Einzelaspekten der Bienenhaltung in Schulen)

Das Gebiet der Imkerei entwickelt sich ständig weiter. Deshalb ist es empfehlenswert, neben Büchern auch eine imkerliche Zeitschrift zu beziehen. Zwei Titel bieten sich an:

- Allgemeine Deutsche Imkerzeitung (ADIZ) / die Biene / Imkerfreund. Fachzeitschrift für Imker mit Veröffentlichungen aus Praxis, Wissenschaft und Verbänden, dlv-Verlag.
  (Hinter den drei Titeln verbirgt sich in Wirklichkeit eine einzige Zeitschrift, die in drei regionalen Ausgaben mit den jeweiligen Verbandsnachrichten der Gliederungen des Deutschen Imkerbundes erscheint.)

12 Literaturhinweise

- Deutsches Bienen-Journal.
  Erwähnenswert ist, dass Gerhard Liebig als freier Mitarbeiter häufig hier publiziert.

Obwohl alle genannten Medien ausgesprochen gelungen sind, ersetzt ihre Lektüre auf keine Fall das praktische Lernen von einem Imker.

www.ingramcontent.com/pod-product-compliance
Lightning Source LLC
Chambersburg PA
CBHW082341220526
45470CB00008B/2597